XIAOCHONGZI ZHENJIU DIQIU

小虫子拯救地球

《读者》（校园版）编

《读者》人文科普文库·"有趣的科学"丛书

甘肃科学技术出版社

图书在版编目（ＣＩＰ）数据

小虫子拯救地球 /《读者》（校园版）编 . -- 兰州：
甘肃科学技术出版社 , 2020. 11
ISBN 978-7-5424-2616-1

Ⅰ . ①小… Ⅱ . ①读… Ⅲ . ①动物－少儿读物 Ⅳ .
① Q95-49

中国版本图书馆 CIP 数据核字(2020)第 226767 号

小虫子拯救地球

《读者》（校园版）　编

出 版 人	刘永升
总 策 划	马永强　富康年
项目统筹	李树军　宁 恢
项目策划	赵 鹏　潘 萍　宋学娟　陈天竺
项目执行	韩 波　温 彬　周广挥　马婧怡

项目团队	星图说
责任编辑	韩 波
封面设计	陈妮娜
封面绘画	蓝灯动漫

出　版　甘肃科学技术出版社
社　址　兰州市读者大道 568 号　　730030
网　址　www.gskejipress.com
电　话　0931-8125103（编辑部）　0931-8773237（发行部）
京东官方旗舰店　https://mall.jd.com/index-655807.html

发　行　甘肃科学技术出版社　　印　刷　唐山楠萍印务有限公司
开　本　787 毫米 ×1092 毫米　1/16　印 张 13 插 页 2 字 数 170 千
版　次　2021 年 1 月第 1 版
印　次　2021 年 1 月第 1 次印刷
印　数　1~10 000 册
书　号　ISBN 978-7-5424-2616-1　定 价：48.00 元

前　言

　　面对充斥于信息宇宙中那些浩如烟海的繁杂资料，对于孜孜不倦地为孩子们提供优秀文化产品的我们来说，将如何选取最有效的读物给孩子们呢？

　　我们想到，给孩子的读物，务必优中选优、精而又精，但破解这一难题的第一要素，其实是怎么能让孩子们有兴趣去读书，我们准备拿什么给孩子们读——即"读什么"。下一步需要考虑的方为"怎么读"的问题。

　　很多时候，我们都在讲，读书能让读者树立正确的科学观，增强创新能力，激发读者关注人类社会发展的重大问题，培养创新思维，学会站在巨人的肩膀上做巨人，产生钻研科学的浓厚兴趣。

　　既然科学技术是推动人类进步的第一生产力，那么，对于千千万万的孩子来说，正在处于中小学这个阶段，他们的好奇心、想象力和观察力一定是最活跃、最积极也最容易产生巨大效果的。

　　著名科学家爱因斯坦曾说："想象力比知识本身更加重要。"这句话一针见血地指出教育的要义之一其实就是培养孩子的想象力。

　　于是，我们想到了编选一套"给孩子的"科普作品。我们与读者杂志社旗下《读者》（校园版）精诚合作，从近几年编辑出版的杂志中精心遴选，将最有价值、最有趣和最能代表当下科技发展及研究、开发创造趋势的科普类文章重新汇编结集——是为"《读者》人文科普文库·有趣的科学丛书"。

这套丛书涉及题材广泛，文章轻松耐读，有些选自科学史中的轶事，读来令人开阔视野；有些以一些智慧小故事作为例子来类比揭示深刻的道理，读来深入浅出；有些则是开宗明义，直接向读者普及当前科技发展中的热点，读来对原本知之皮毛的事物更觉形象明晰。总之，这是一套小百科全书式的科普读物，充分展示了科普的力量就在于，用相对浅显易懂的表达，揭示核心概念，展现精华思想，例示各类应用，达到寓教于"轻车上阵"的特殊作用，使翻开这套书的孩子不必感觉枯燥乏味，最终达到"润物无声"般的知识传承。

英国哲学家弗朗西斯·培根在《论美德》这篇文章中讲："美德就如同华贵的宝石，在朴素的衬托下最显华丽。"我们编选这套丛书的初衷，即是想做到将平日里常常给人一种深奥和复杂感觉的"科学"，还原它最简单而直接的本质。如此，我们的这套"给孩子的"科普作品，就一定会是家长、老师和学校第一时间愿意推荐给孩子的"必读科普读物"了。

伟大的科学家和发明家富兰克林曾以下面这句话自勉并勉励他人："我们在享受着他人的发明给我们带来的巨大益处，我们也必须乐于用自己的发明去为他人服务。"

作为出版者，我们乐于奉献给大家最好的精神文化产品，当然，作品推出后也热忱欢迎各界读者，特别是广大青少年朋友的批评指正，以期使这套丛书杜绝谬误，不断推陈出新，给予编者和读者更大、更多的收获。

丛书编委会

2020 年 12 月

目　录

蚂蚁世界的残酷与伟大

陈　墨

　　这本是一场收复失地的正义之战：一窝玉米毛蚁将掘穴蚁的巢穴团团围住，誓死夺回被霸占的领地。善于单兵作战的对手则躲在洞口进行防守，这一僵持就是三天。终于，玉米毛蚁们面对着敌蚁的上颚大举压上，在地面与洞穴战中都大占上风。它们转而成了侵略者，向着掘穴蚁的领地继续进军，一窝被惊动的树栖蚂蚁也加入了混战。

　　从小喜欢掏蚁窝的蚁网创办者冉浩现场观摩了这场恶斗，在《蚂蚁之美：进化的奇景》一书中，这位研究蚂蚁生态的学者向读者展示了神秘的蚂蚁世界。

　　这些坚韧的小家伙能建起高出地面半米的宫殿，若是在人类世界中，相当于比最高的金字塔还要高。全世界所有蚂蚁的体重之和相当于地球动物总重量的十分之一，与人类的总重量相等。它们从不挑食，从昆虫尸体到人类头发上的油脂，一切能吃的东西都不放过。

它们极其好战，甚至有专家说，如果蚂蚁拥有了核武器，会立即引发核战摧毁地球。

这个好战的种族从不因年龄的增长而变得"慈祥"。在蚂蚁世界里，觅食、战斗等"高危"工作，都由时日无多的老蚂蚁担任，它们时常老得忘了回巢的路，或在从早到晚的争斗中被拧掉了脑袋。如果有幸被同伴捡回蚁巢，它们的尸体可能会被作为"掩体"堆在巢穴的洞口。

在老一辈工蚁的保护下，"青壮年"从事着更接近权力核心的工作：有的紧密围绕在蚁后周围，时刻准备着接住产出的卵；有的忙于建筑巢穴、哺育后代。

蚁后享受着蚁巢中最好的资源。其次是长有翅膀的生殖蚁，它们将在蚂蚁世界最隆重的"婚飞"当天，振翅飞向天空交配，创造自己的王国。其余成员则都是卵巢不发育的雌蚁，上颚强悍有力的"参军"成为兵蚁，其他的都是工蚁。

在这个等级森严的社会里，蚂蚁们的职业打一出生就由身体结构决定了。但是，具有反抗精神的年轻工蚁可能不愿接受"龙生龙，凤生凤"的设定，因为，蚁巢中所有的蚂蚁都是蚁后所生的。

当年"婚飞"之后，雄蚁死去，雌蚁独自落地，折断翅膀，带着尚未孵化的卵藏身于地下，堵死洞口。它在"牢狱"中把第一批幼虫养大。幼虫们先吃母亲吐出的食物，然后开始吃它的身体，先吃再也不需要的飞行肌，接着吃其他肌肉组织。

几个月后，第一批工蚁长大成蚁，"母后"已经形同干尸。此刻，最艰难的日子终于过去，"先王"留下的精子还将在它体内留存几十年之久。

它终于成了蚁后，从此将在"孩子们"的帮助下，繁殖出自己的蚂蚁王国。

但是，蚁后从来不会完全信任自己的子女，对蚂蚁社会里至高无上的权力——生育权的争夺，也从未停息。蚁后会释放出一些外激素，这种飘浮在巢穴中的化学物质，可以阻止雌蚁的生殖系统发育，从而维护自己在巢穴中的地位。

"公主"们则在幼虫时代就开始展示惊人的魅力，它们还在工蚁的怀抱中时就开始"拉拢"随从，待羽化成熟破茧而出以后，它们会散发令工蚁难以抗拒的气味，与"母后"争夺民心。最终，获胜者总是那些身体最强壮，并具有人类不知晓的最动人魅力的"公主"。

幼虫需要工蚁来搬动或喂养，而这些任劳任怨的"老妈子"可以很方便地处死那些它们认为不应该存在的幼虫，或者在闹饥荒的时候把它们作为群体的食物。所以，为了讨好工蚁，每吃一口食物，幼虫都会反馈给工蚁一些含有信息素类物质的液体进行"答谢"，使因被蚁后抑制而丧失了生殖能力的工蚁们获得满足。

在社会化程度远高于人类的蚂蚁世界，个体的地位最低，但通过相互扶持、彼此利用、运用权谋，形成了一种神奇的循环。冉浩将蚂蚁群体比作蛰伏于地下的超级生物："每只蚂蚁都是它的一个组成部分，它伸出其中一小部分去探索世界，而'超个体'的主体则深藏于巢穴之中，蠢蠢欲动。"

小虫子拯救地球

许　诺

家费代丽卡·伯特科希尼打扫自家蜂巢的时候，发现了一支可能可以拯救地球的"部队"。

她清理出寄生在蜂巢中的蜡虫，把它们放进系紧的塑料袋里。忙完回来一看，袋里空空的，蜡虫"吃"出了一条生路。

这种神奇的能力，是一种尚未开发的资源。2017年4月24日，伯特科希尼的论文发表在《当代生物学》期刊上。她指出，100只蜡虫在12小时内能降解92毫克聚乙烯，速度远远超过被寄予厚望的真菌和细菌。

蜡虫是蜡螟虫的幼虫，颜色淡黄，看起来普普通通，却具有不同寻常的消化系统。它们喜食有"生物界塑料"之称的蜂蜡，面对塑料中最常见的成分聚乙烯，也同样胃口大开。通过分析其食物残渣，研究者发现蜡虫真真切切地将聚乙烯降解成了乙二醇，后者几周内就可以在土壤和水中分解。

接下来，伯特科希尼希望能搞清楚蜡虫消化的机制，提取其中关键的活性物质，尝试人工合成，从而进一步提高降解塑料的效率。毕竟人类寄予它们的厚望，是降解每年80万吨聚乙烯产品。这还不包括其他成分的塑料产品，蜡虫对它们的分解能力还有待验证。

不过严格来说，这可不是人类拯救地球，而是人类闯了祸之后，又要回家找地球老妈帮忙了。

·摘自《读者》（校园版）2017年第14期·

稀奇古怪的动物眼睛

半 夏

都说眼睛是心灵的窗户，因为眼睛可以表达丰富的情感，同时也是我们了解世界的重要工具之一。人类的眼睛除了眼球的颜色有区别以外，模样大致一样，但是在多姿多彩的动物世界，很多动物的眼睛非常稀奇古怪，让我们一起来看一看吧！

海星的"高度放大镜"

海星是生活在海洋中的一种美丽生物，从外形上看，它非常像一颗星星，其可爱的模样很招人喜欢。但是说起海星的眼睛，很多人会非常惊讶地问："什么？海星也有眼睛吗？"拥有5个触角的海星全身上下都是眼睛哦！

这是怎么回事呢？原来，海星的眼睛就是长在它皮肤表面的无数个很小的亮晶晶的物体，这些物体就像一个个聚光的高倍放大镜一样，可以聚集来自周围各个方向的图像信息，可以360°无死角地收集周围的图像信息哦。据说,海星眼睛的原理带给光学技术和印刷技术非常大的启发。说不定小海星身上那些微小的"高倍放大镜"，在不久的将来会使光学技术和印刷技术获得突破性进展呢。

螃蟹的"自由伸缩望远镜"

提到螃蟹，大家的脑海里是不是立刻就会浮现出一个八面威风的"大将军"的模样——穿着一身威武的"盔甲"，挥舞着"大钳子"横冲直撞，尤其是它那双凸出来的乌溜溜的眼睛,感觉像是眼睛下面长了"腿"一样，随时可以伸缩，还可以360°旋转。它是怎么做到的呢?

其实，不是螃蟹的眼睛长了"腿"，而是因为它的眼睛长在两个螯钳上面，叫作"柄眼"。它的眼睛和许多昆虫的眼睛一样，是由很多小眼睛组成的复眼。看东西时，这些小眼睛会分工合作，再把看到的景象组合在一起反映到视网膜上面，最后通过视觉神经传送到大脑里，之后拼成一个完整的图像显示出来。

和其他昆虫的眼睛不同的是，螃蟹的眼睛可以伸出来，也可以缩回去，好像一架可以自由伸缩的望远镜，是不是很神奇？其实，螃蟹这种独特的眼睛和它走路的方式有很大关系。大家都知道，螃蟹是一种横着走路的动物，这样一来，它走路时就看不到道路两边的情况，因此一不小心就会遇到危险，甚至会变成其他动物的美食。有了这样神奇的眼睛，情况就完全不同了。当螃蟹的眼柄竖起来之后，它的两个眼球既可以随意伸向它身体的两侧，还能够同时观察其他方向的情况，真正做到了"眼观六路，耳听八方"。当螃蟹不需要使用自己的眼睛时，就会把眼睛连同眼柄一起藏到自己的眼窝之中。

此外，螃蟹眼睛的再生功能也让人叹为观止。当它的眼睛被损坏后，很快就能长出新的来。这样的眼睛，是不是很神奇？

青蛙的"动态物体分辨仪"

青蛙长着一双灵活的大眼，但奇怪的是，它的这双大眼似乎只对飞动着的物体反应灵敏，对静止不动的物体却视而不见。这是怎么回事呢？

原来，青蛙眼睛中的视网膜上一共有 5 层神经细胞，这 5 层神经细胞中有些细胞只对运动物体的某些特征有反应，比如物体的边缘、光度的变化、阴影的变化。

在这 5 层神经细胞的共同作用下，青蛙的眼睛对"前端圆圆的快速移动的物体"特别敏感——这种物体往往是正在飞翔的昆虫，同时也对那些"有很大阴影的快速运动"的天敌特别敏感，这样既有利于它捕食，又有利于它及时地避开天敌。

青蛙的眼睛所具备的这种挑选特定图像的特征，有利于让青蛙忽略背景，集中注意力去捕捉昆虫。

根据蛙眼的这些原理，仿生学家们发明出了一种叫"电子蛙眼"的设备，并且把这种设备运用到了战争中。

·摘自《读者》（校园版）2017 年第 23 期·

蜜蜂也会患上"自闭症"

佚 名

　　大多数蜜蜂非常忙碌，照顾蜂王和幼蜂、守卫巢穴，几乎不停歇地飞来飞去。不过，也有一些蜜蜂无所事事，而且极少和同伴互动。一项新的研究表明，这些不善交际的昆虫和自闭症谱系障碍患者有一些相同的基因序列。蕈形体是大脑中负责诸如社交行为等复杂动作的部分。研究发现，一组不同的基因亚型在对社交情形未做出回应的蜜蜂大脑内异常活跃。将这组基因同自闭症谱系障碍、精神分裂症和抑郁症相关的一组人类基因进行比对后发现，尽管蜜蜂和人类在进化过程上完全不同，但两者拥有很多共同的基因。

·摘自《读者》（校园版）2017 年第 23 期·

哪些动物去过太空

【英】杰玛·埃尔文·哈里斯

杜　冰　编译

　　1946 年，科学家首次将一只气球释放到大气层的上层，借以研究辐射对果蝇的影响。此后，恒河猴、黑猩猩、狗以及兔子都乘飞船进入过太空。去过太空的其他动物还有：老鼠、乌龟、水母、无数的昆虫和数以千计的蠕虫。

　　在人类进入太空之前，已利用动物测试了生物体对于辐射、失重以及晕动症的适应能力。所以，动物才是真正的太空先驱。

　　在这些动物中，有一只叫"奈费"的勇敢蜘蛛值得一提。它在 2012 年 6 月 21 日乘坐一艘日本的无人飞船进入太空。在国际空间站，它花了 3 个月的时间捕捉果蝇，在返回地球前，一共在外太空飞行了 6700 万千米。

研究者说，它对失重的适应能力非常强。

　　奈费只有铅笔的橡皮头大小，黑色的身体，腹部有一个亮红色的斑点。它有两只大大的、向前看的眼睛，使它能很好地感知猎物的位置。它是一只跳蛛，捕猎时能够像狮子那样一跃而起，用前爪抓住猎物，将前牙刺进猎物身体，最后把毒液注射进去。它喜欢抓果蝇，但最喜欢吃蟋蟀。

　　在太空的失重环境下，它的行为发生了改变，它是悄悄爬向猎物，不再一跃而上。还有一个有趣的现象是，它在太空舱里吐的丝更多，以便在失重的情况下将自己稳定住。

　　回到地球后，它在华盛顿自然历史博物馆的昆虫园里过起了退休生活。2012 年 12 月 3 日，动物管理员发出了一条令人伤心的信息："抱歉，我们觉得奈费去世了。"奈费确实死了，它活了 10 个月。周四时它还在吃蟋蟀，身体看起来也非常棒，但到周日就离世了。它所属的菲蛛属（Phidippus）跳蛛的平均寿命大约是一年。

　　再见，小宇航蛛，你干得很棒。

·摘自《读者》（校园版）2018 年第 1 期·

蜘蛛不吃胖蟋蟀

朱　凌

在自然界，动物与动物之间的对抗，远比人们想象的要有趣得多。蜘蛛和蟋蟀这两种风马牛不相及的动物，若是同处一室，也会引发一场精彩的战争。而其中最有趣的，是蟋蟀逃离"蛛口"的方法。

在实验室中，科学家选取了欧洲常见的物种——60多只蟋蟀和保育蛛进行测试，调查了"捕食者——食饵响应"这一反馈过程。

首先，科学家将蟋蟀放置在一个有盖的罐中，并且在罐子里放置了曾被蜘蛛占领过的草莓。此时，蟋蟀还没有意识到危险。而后，科学家把蜘蛛放入罐中。

在争斗过程中，一部分蟋蟀吃掉了比平均水平多72%的食物。而吃掉这些食物后的蟋蟀，比那些没有吃的蟋蟀体形要大许多。当实验完成之后，事实证明，那些长胖了的蟋蟀，居然躲过了蜘蛛的捕食。

为什么蜘蛛不吃胖蟋蟀呢？科学家通过分析，认为是蜘蛛在无形之中帮了蟋蟀的忙，因为蜘蛛可能在草莓上留下了化学或物理"名片"，从而促使蟋蟀压力性进食，其直接结果就是，蟋蟀的身体变得比往常要大许多。

该研究小组认为，蟋蟀将变大作为一种生存策略，是因为在有盖的罐中它们无法逃走，而蜘蛛不喜欢吃体形较大的猎物。蟋蟀以增肥这种奇特的对抗方式，保全了性命。

·摘自《读者》（校园版）2015 年第 19 期·

让我看看你的牙

大卫·赫吉斯

在德国明斯特市"大象之家"，亚历山大不停地在窝中踱来踱去，用警惕的目光观察着正在为手术做准备的牙医和他的助手们。也难怪这事会让它不安：在一位重量级的病人身上做牙科手术需要使用由压缩机驱动的沉重器械，就像在公路施工中用到的那些一样，此外还会用到直径达 10 厘米、长逾 60 厘米的钻机。

第二天早上，一位兽医用吹箭筒为亚历山大注射了一种强力麻醉剂。然后饲养员用绳子固定住它的躯干，以确保这种厚皮动物在失去意识后倒向左边，这样皮特可以接近它的长牙。但是 15 分钟后一根绳子断了，亚历山大倒在了右边。

于是这位牙医面临着一个几乎无解的难题：长牙卡在地面和大象头

部之间的逼仄空间中，由于无法搬动患者，他必须在这样的长牙上做手术。幸运的是，皮特成功地用电锯锯开了亚历山大发炎长牙的顶端，露出牙齿内部。然而就在他用探针探向牙齿内部时，牙齿里流出了约 1 升脓水。他没有其他选择，只能将长牙全部移除。

皮特在稻草上躺了两个半小时，努力用扳手和链条式管钳把牙拔出来。他几乎无法动弹，同时必须注意不弄伤亚历山大。"压力太大了，"皮特回忆，"时间很有限，我不能第二天或是一周之后再来把事情做完。"快下午 1 点时，牙齿终于彻底拔出来了，接下来的几周，亚历山大需要好好休养。

对皮特·柯尔特斯茨而言，这种事并不罕见，这是他工作的一部分。69 岁的他在过去的 28 年间，为世界各地的动物动过口腔手术：从不足一片黄油重的微小银狐，到狮子、老虎以及 10 吨重的鲸。他可能是全世界最受欢迎的动物牙医了，患者来自 21 个国家的 70 多个动物园，最近 30 年的行医记录包括诊治了约 100 头大象、150 只狮子、60 只猩猩和 40 只海象。

皮特出生于匈牙利，孩提时经历了 1956 年的匈牙利"十月事件"（由群众和平游行而引发的武装暴动）。由于国内局势混乱，次年他的父母带着他逃到伦敦。他们放弃了全部家当。幸运的是，曾是供暖工的父亲很快找到了一份商务代表的工作，这个家庭在伦敦打下了新的根基。

没有屈服于命运的父母是皮特的榜样。他在中学和大学都非常勤奋地学习，最后完成了牙医学业。大学毕业后他在伦敦一家诊所工作了 8 年，直到 1985 年当地一位兽医请他帮忙："您能协助我做一台猫的牙齿手术吗？"那位兽医既没有合适的手术设备，也没有相关手术的经验，但是这台临时手术还是取得了成功，尽管他们使用的手术器械是适用于人的牙齿手术的。

由于有动物诊疗经验的牙医非常少，皮特·柯尔特斯茨很快名声在外。不久他就在英国温莎野生动物园为一只老虎做了牙齿手术，并很快就接到了来自世界各地动物园的电话，皮特开始专注于治疗野生动物。每次做新手术时，他都会选择适合动物特殊需求的治疗方式。回到伦敦后，他又像往常一样接诊病人。

动物牙医的工作常常让人精疲力竭。在莫斯科一家动物园中，皮特必须在3天内为9只海象做手术。"手术从早上8点开始，一直到第二天凌晨4点，"他说，"这期间只有打个小盹的时间，每5个小时我才能去上一次厕所。"

这份工作有时也很危险。"有一次我们必须站在水池里治疗一只海豚，里面有15厘米深的海水。一般我们会将海豚移到干燥的地方后再进行这样的手术，但是动物园管理人员不同意。手术仪器的主电缆浸泡在海水中，这让我们害怕。那之后，我准备了一套治疗海豚用的电池驱动装备。"他说。

为野生动物上麻药也有风险。很多动物在全身麻醉的情况下无法调控自己的体温，尤其是皮下脂肪层厚的多毛动物，常常会因体温过高而死亡。而猩猩的问题是，它们无法忍受大剂量的麻醉剂。在麻醉剂起作用前，皮特会紧紧握住它们的手。"大约8年前，一只大猩猩在麻醉清醒后死去了，"皮特说，"我大声痛哭，认为这是我的错。后来法医检查结果证实，它死于严重的心脏缺陷。"

正因为全身麻醉有这么大的风险，所以兽医会尽量使用小剂量的麻醉剂。"有时候，还在手术中动物就醒来了，"皮特说，"有一次一只狮子已经在舔我的手了，但是我从来没有被动物咬过——我只被人咬过。"

给野生动物做手术丝毫不简单。例如大猩猩臼齿的牙根呈钩状向外弯曲，因此几乎不可能用普通的方法拔牙。为大型动物拔牙类似于一次挖掘工作，一般需要气动磨床上阵，以便能够挖出整颗牙齿。为了应付这样的手术，皮特·柯尔特斯茨慢慢建立起一个价值约 10 万欧元的专业仪器"兵工厂"，仪器总重量有 1 吨多重。例如给大象做手术常常需要使用硬质合金钻头。

尽管皮特做手术是收费的，但他仍视自己的工作为私人动物保护活动。"那些多年不再求偶的动物在彻底治好牙疾之后，开始寻找另一半了。健康的牙齿让它们开始对吃东西之外的事情感兴趣。"

最让他开心的是治疗被虐待的野生动物。1994 年，他开始为希腊一家动物保护组织效力，在将跳舞熊放归大山之前给它们提供治疗。为了让这些熊变得更加温顺、安全，很多主人打断了它们的牙齿。有些跳舞熊的牙齿因撕咬绑它们的锁链而受伤，几乎不能吃东西。由于断牙牙根发炎，这些熊一生都要经受难以忍受的痛苦，而且常常因败血症而死亡。

在远离现代文明的一家乡村诊所，皮特一连数小时都蹲在改造过的猪圈中，为跳舞熊打磨发炎的牙齿，用骨胶原填补牙洞，缝合受伤的牙龈。与此同时，他去年的患者们正在诊所前的空地上玩耍，它们已经完全康复了，正等待着回到大自然中。"看到它们，我非常高兴。"皮特说，"就连那些最富有攻击性的熊也完全改变了它们的行为。这很好理解，毕竟它们以前需要忍受巨大的疼痛。"

过去几个月，皮特在土耳其、比利时、埃及、西班牙和爱尔兰做了动物牙齿手术。但是平时他仍在伦敦为人治牙。他治疗的患者中，人的比例超过了 80%。

"如果想成为一名成功的动物牙医，就得全身心地投入到牙科医学中去，"皮特强调，"当你必须依靠有限的诊疗设备做出诊断时，能帮你的只有经验。"

在被问到有了给这些野生动物看牙的经历之后，给人看牙是不是显得特没劲时，他说："绝对不会。我觉得能和病人聊天很棒。做一名野生动物牙医是很刺激，但也很难。我做这份工作，是为了帮助动物们。"

·摘自《读者》（校园版）2015 年第 2 期·

大象能听到 240 千米外的暴雨

小 云

如果说狮子是动物世界的国王，那么大象至少称得上是动物中的气象学家。新的研究显示，大象有可媲美雷达的感官，能感知远在 240 千米外的暴雨。240 千米是什么概念？是你驾车从上海到镇江的距离。

研究人员说，大象这种看似难以置信的天气预测能力，可以帮助自然保护主义者保护它们少被偷猎。

大象这种能力根基于其出众的听力。它们能听到频率低于人类听觉范围的声音。那是大象彼此沟通的方法之一。暴雨也会产生低频率声音，无论是晴天霹雳，还是倾盆暴雨。大象是通过捕捉暴雨的某些声音特征来感知它的，但科学家尚不能确定它们是用哪个器官来听的。

一个国际研究团队在对纳米比亚大象迁徙的分析研究中，发现了这种不可思议的能力。论文作者、美国得克萨斯州 A & M 大学地质学教授奥利弗·弗劳恩费尔德说："我们观察到它们改变了去向，加快速度赶往某地。以前没有人解释过大象的这种突然迁移。"他和同事们希望弄清楚，是否有什么环境事件触发了象群去向的改变。

研究人员给分属于该地区不同象群的 9 头大象安装了 GPS 接收器，采集数据跟踪大象，绘制了象群 7 年中的动向，确定大象更改路线的事件，都发生在当地的雨季。

原来，纳米比亚一年四季干旱燥热，只有 1 月至 3 月是明显的雨季。研究人员发现，大象在雨季能"感觉"到数百千米外雷雨将至，预测哪天降雨。象群就会改变走向，迎合即将到来的暴雨。

"经历长期的干旱，大象渴望雨水，"弗劳恩费尔德解释，"一旦大象听到下雨声，就会走向它，以便尽早得到水。"

他还指出，这项发现将有助于大象保护工作。"如果我们能确定大象在哪里，它们可能去哪儿，负责保护野生动物的官员就能更有效地监视象群的动向，使其免遭偷猎。"

最近的一项研究显示，象牙偷猎者在 2010 年至 2012 年这 3 年中杀死了 10 万头非洲大象。而仅在 2011 年，每 12 头非洲大象中就有一头被猎杀。科学家希望这项大象听雨、追雨的研究，能降低它们被杀戮的概率。

研究人员的研究成果发表在 PLOSONE 杂志上。

· 摘自《读者》(校园版) 2015 年第 2 期 ·

马匹纷纷死亡的神秘洋面

古 木

马匹倒毙在大洋中

熟悉航海历史的人都知道，在浩瀚的大洋上有一个"马纬度"，这指的是南纬和北纬25°~35°附近的洋面。"马纬度"这么奇怪的名称是怎么来的？马跟海洋怎么扯上关系了？这还要追溯到西方的大航海时代。

15世纪末，哥伦布发现新大陆后，欧洲移民不断涌入美洲，圈地造屋，劫掠财富。他们发现当地马匹缺乏，于是在从非洲源源不断输送黑奴的同时，还从欧洲装载马匹经大西洋运往西印度群岛。但当浩浩荡荡的帆船队进入北纬25°~35°所在的洋面时，麻烦来了：天气变得异常炎热，空气干燥，接连几个星期海面上平静无风，使得船队无法航行。当淡水和粮食用尽了，他们只得宰食马匹。可是，还有大批饿死、渴死或者奄奄一息的马匹根本来不及食用，只好把它们投入海中。海面上漂浮着大量的马尸，于是此处就有了"马纬度"之称，警示后人不要再经过这里。

随着科技进步、机械动力和核动力舰船时代的到来，帆船成为历史。人们现在已经不再把"马纬度"视为海上的航行禁区，相反，那里天气晴朗，风微浪小，可以免受恶劣天气的危害，安全系数大大提升，更适合船舶航行。

副热带高压导致的结果

那么，这个"马纬度"区域为什么是这样的天气呢？这跟全球气压带分布有关。我们知道，赤道附近由于接受的太阳辐射最多，近地面空气受热上升，上空形成高压；两极地区接受的太阳辐射最少，空气下沉，上空形成低压。赤道上空的空气在气压差的作用下，分别向南北方向流动。在地转偏向力的作用下，从赤道上空流出的空气在南纬和北纬30°附近，偏转成了沿纬线圈运动的西风，同时还受重力影响，气流不断下沉，各在南纬和北纬30°附近沉到近地面，使低空空气增多，气压升高，形成了南北两个副热带高气压带。

夏季，北半球的副热带高气压带分裂为一个个高、低气压中心。高气压的中心分别位于北太平洋西部、北太平洋东部、北大西洋西部、北大西洋中部及墨西哥湾和北非等地。这便是"马纬度"的位置。

为什么"马纬度"海域天气晴朗，鲜有风雨？因为副热带高气压是暖性高气压天气系统，在其控制区域，盛行下沉气流，在下降的过程中，气温不断升高，水汽受热不可能凝结，更不会成云致雨，所以表现为静风，同时天气晴朗、少云。这样的天气条件使得太阳辐射可以更多地到达地球表面，导致低空大气温度明显攀升，从而在副热带高气压控制区域就出现炎热、晴朗、无风的天气状况。当它长期控制某一地区时，往往会造成该地区的长期高温干旱。热带沙漠气候的形成，便是副热带高气压直接控制的结果。由此你可以想一下，为什么北非、阿拉伯半岛有如此大面积的沙漠了吧。在我国长江中下游一带，夏季的闷热天气也是受副热带高气压影响的结果。

还有什么怪异的现象

十几年前，美国船长查尔斯·摩尔开着阿尔圭特号驶离夏威夷时，意外陷入一个从未被人发现的"垃圾带"中。据他回忆，目光所及之处全是塑料：塑料衣架、充气的排球、卡车轮胎等清晰可辨，就像海上的一锅"塑料汤"。摩尔他们花了一周时间才穿越这片"垃圾带"。据科学家们粗略估计，这片"垃圾带"由400万吨塑料垃圾组成，占地面积达140万平方千米，相当于两个中国东海的面积，是海南岛陆地面积的40倍。

这锅"塑料汤"便位于"马纬度"海域。在阅读全球洋流分布图时，你会发现这些地方没有洋流经过。当世界各地的垃圾在洋流的牵引下进入"马纬度"海域时，由于此处海面无风，无法带动表层海水流动，便使得越来越多的垃圾在这里聚集，并且无法扩散。如何有效清理这锅"塑料汤"，如今已是科学家们面临的难题。

·摘自《读者》（校园版）2015年第2期·

鲸为何能长时间潜水

张亚宁

为什么鲸潜水能坚持一个多小时，而人类只能潜几分钟？来自英国利物浦大学的迈克尔·贝伦布林克等人，对130种哺乳动物体内储存氧的肌红蛋白进行了研究，分析了这种蛋白在过去两亿年里的进化史。

海洋哺乳动物体内的肌红蛋白浓度非常高，以至于肌肉颜色红得发黑。通常情况下，蛋白浓度越高就越容易"黏"在一起，储氧能力会减弱。而鲸和海豹体内的肌红蛋白表面电荷增加，这导致肌红蛋白相互排斥，而不是"黏"在一起，这和磁铁同性相斥是一个道理。这种"不黏"特性的结果是，这些"潜水能手"能在水下长时间活动。

·摘自《读者》（校园版）2015 年第 2 期·

老鼠变成大象要多长时间

熊　鹰

今天地球上最大的哺乳动物，是由 6500 万年前恐龙灭绝后繁盛起来的小动物演化而来的。那么，哺乳动物演化的速度有没有上限呢？

澳大利亚莫纳什大学演化生物学家埃文斯和其同事研究了在过去 7000 万年间，哺乳动物的最大体重是如何演化的。通过对比不同时间点上各个哺乳动物群体中体型最大者，并借助现代哺乳动物来估计，每个群体中的一代大概对应多长时间，研究者分析了哺乳动物的进化速度。

老鼠变大 10 万倍需要 20 万代 ~ 200 万代

通过化石和现存资料，研究小组发现，一种哺乳动物的体型增长 100 倍大概需要经历 160 万代，增长 1000 倍大概需要经历 500 万代，增长

5000 倍则大概需要经历 1000 万代。在陆生哺乳动物中，奇蹄目动物，如马和犀牛，显示出最快的体型增长速度。

在此之前，人们曾根据老鼠身上的微演化速率估计，哺乳动物从老鼠般大小演化至大象般大小，体型增大 10 万倍要经历 20 万代至 200 万代。

埃文斯表示，这表明相对小演化，大演化的速度是相当缓慢的。小级别的变化可以很快出现，但是较大规模的变化则需要很长的时间。

海洋哺乳动物体型变大的速度快

有趣的是，在此次研究的所有哺乳动物中，灵长目哺乳动物的体型在进化中变大的速度是最慢的。

而在所有的哺乳动物中，鲸类——包括一般我们所说的鲸和我们所熟知的海洋哺乳动物，则具有最高的体型演化增加速率。它们仅需大约 300 万代就能让体型增大 1000 倍。

埃文斯表示，形成这样的演化速率差异大概是由陆地和海洋不同的生存环境所造成的。海水的浮力可以帮助它们支撑巨大的体重，这样就让海洋哺乳动物在增加体型方面面临的挑战小于陆生哺乳动物。对于海洋哺乳动物来说，体型增加的限制条件要少得多。比如说，如果把一头鲸放在陆地上，它很快就会被自己的体重压死，体内的器官和骨骼都会被压碎。

体型变小比变大更容易

反过来设想一下，体型如大象般大的哺乳动物变为老鼠般小的体型又要花多长时间呢？研究者认为，相比变大，哺乳动物体型变小的速度会快上不止 30 倍。体型变小比变大要快得多，这又是为什么呢？居住在孤岛上的生物，比如侏儒象、侏儒河马和霍比特人，倒是能够提供一些线索，因为当物种生活在岛上时，它们所能获得的食物极为有限，所以小型化便成为岛屿生物的发展趋势。

埃文斯说，超大的陆生哺乳动物需要巨大的空间，才能找到足够的食物。而现在由于没有足够的土地，动物也就得不到足够的食物而生存得够久，因此，自然也就没法长到足够大了。

·摘自《读者》（校园版）2015 年第 11 期·

为蜜蜂建"高速公路"

稼　正

在挪威，人们注意到了蜜蜂数量的下降，并为这种状况深感担忧。他们决定要建一条"蜜蜂高速公路"，在首都奥斯陆市的市中心为蜜蜂提供安全港。奥斯陆的"蜜蜂高速公路"计划，即联结政府资助的绿色屋顶和私人花园，创建了一个开花植物连绵不断的生态环境，一路有花，为蜜蜂提供食物和住所，给它们一个安全通过城市的通道。

在奥斯陆一栋 12 层现代建筑的阳台上，覆盖着开花的景天属植物。这里有会计专家、业余养蜂人玛丽亚养殖的两个蜂箱，4.5 万只工蜂在这里栖息。当同事们在智能化的办公室里享受午餐时，离蜜蜂只有 1 米远。这是玛丽亚和雇主、同事们集资 40 万克朗（约合 31 万人民币）建造的。

玛丽亚说："工蜂能存活约 60 天，它们一生可酿造不到一汤匙的蜂蜜。

而如果这个工作由我们来做，按最低工资，一罐蜂蜜将花费18.2万美元。"艾格尼丝是"蜜蜂高速公路"项目的负责人，她说："我们不断地重塑环境来满足我们的需要，却忘记了其他物种也生活在这里。我们需要纠正。"

挪威人还为这个全球首创的"蜜蜂高速公路"开设了网站，将周围的开花树林、原野草地和花园、绿色屋顶一一标注，显示出"蜂路"和"驿站"，展示给公众。点击每个标志，还会显现当地的图片、视频，这也使相关私人花园、"绿色屋顶"的业主倍感自豪，提高保护"蜂路"的积极性。

蜜蜂除了酿造美味的蜂蜜，还帮助一些植物传粉。据美国总统科学顾问约翰·霍尔德伦给出的数据，蜜蜂每年能为美国农作物增加150亿美元的价值。但最近几年，蜜蜂不再胜任这项工作了。2014年，美国失去了42%的蜜蜂种群，堪称毁灭性的损失。没有人确切地知道，究竟是什么原因导致了这些蜂群崩溃，是因为食物来源减少、农药的使用、疾病和寄生虫，还是栖息地的丧失？这值得人们反思。

愿"蜜蜂高速公路"能唤起公众的关注，给处在厄运中的蜜蜂带来好运。

·摘自《读者》（校园版）2015年第21期·

为何鸟儿容颜不老

佚 名

人老了，头发会变白、皮肤会变松弛，可那些毛色五彩斑斓的鸟儿，到死羽毛的颜色也不会有太大变化。这是为什么呢？

英国谢菲尔德大学的科学家发现了其中的奥秘。他们运用"X射线散射技术"研究了槠鸟（一种松鸦）的羽毛，发现鸟的羽毛由海绵状角蛋白材料构成，通过调节这种材料中的孔洞大小和密度，便可以使羽毛呈现不同颜色。而羽毛的这种结构会终身完整不变，因此，羽毛的颜色不会随着鸟儿的衰老而改变。人的头发颜色来自色素，时间长了就会褪色，最后变得"白发苍苍"。该研究报告发表于英国《科学报告》杂志。

该项研究的领头人、生物物理学家安德鲁·帕内尔说："人类或许可以学习鸟儿的'调色'本领，通过控制微型结构来制造出经久不变的色彩，而不是靠颜料和色素。也许我们还可以用这个方法制造一件红色套头毛衣，让它怎么洗也不掉色。"

大型动物灭绝的后果

袁 越

　　地球上曾经出现过很多体形巨大的动物，比如恐龙、猛犸象、大地獭、柱牙象、北美野牛、蓝鲸等，如今它们要么已经灭绝，要么数量大减，濒临灭绝。最新研究发现，大型动物的灭绝，导致地球营养元素无法再像过去那样广泛而均匀地扩散，其影响至今仍然可见。

　　最近一次大型动物的集体灭绝，出现在 1.2 万年之前，至少有 120 种大型动物在这一时期永远地从地球上消失了。气候变化是这场浩劫的原因之一，但最主要的原因应该是人类的猎杀。

　　美洲大陆是这次大型动物灭绝的重灾区。一篇发表在《自然—地球科学》杂志上的论文提到，这次大灭绝使南美大陆的磷循环减少了 98%，给亚马孙热带雨林带来了严重的生态危机，至今仍然没有缓解。

这项研究是由一些来自牛津大学的生态学家所做的，他们建立了一个数学模型，对南美大陆上的土壤营养元素的扩散进行了量化分析，发现绝大部分营养元素都是被河流带着从安第斯山脉流向亚马孙平原，但河流经过的范围有限，只有两岸的部分地区能受益，大部分缺乏河流的内陆地区，只能依靠动物的活动来获得所需的营养元素。昆虫和鸟类等小型动物虽然可以做这件事，但它们要么承载总量太低，要么活动范围有限，对于营养物质的扩散能力远不及大型动物；后者体形足够大，活动范围也足够广，无论是它们的排泄物还是它们的尸体本身都能为那些河流到不了的地方，提供大量的营养物质。

陆地需要依靠动物来运输营养物质，这个道理很容易理解，但为什么海洋也需要呢？即使有了洋流也还不够吗？答案很直接：还真是不够。营养物质通常比重较大，时间久了就会沉入海底，所以大部分海洋的表面都极度缺乏营养物质，所以才会有"蓝色沙漠"的说法。

2015年10月26日发表在《美国国家科学院院刊》上的一篇论文显示，鲸和海豚这类体形较大的海洋动物，同样可以为表层海水提供营养物质，因为它们大都在深海觅食，在浅海排泄。

这篇论文是由一组来自世界各地的科学家共同完成的。研究人员发现，从300年前开始商业捕鲸之后，海洋中鲸的数量下降了66%～90%，其中体形最大的蓝鲸在300年前约有35万头，如今只剩下了几千头。鲸和海豚等大型海洋哺乳动物种群密度的减少，导致被从海底运到海面上的磷元素下降了75%，即从过去的每年35万吨下降到了现在的8.75万吨。

那么，家养牲畜能否代替大型野生动物的这个功能呢？答案是：极为有限。因为绝大部分家养动物都是圈养的，活动范围超不出栅栏。

这篇论文的作者们呼吁各国政府重视这一问题，一方面要尽快采取措施恢复大型野生动物的种群数量，另一方面要想办法扩大家养动物的活动范围。这么做不仅可以保护生态环境，而且有助于降低大气中二氧化碳的浓度。原因是地球上很多地方由于缺乏营养物质，植物无法正常生长，照到那里的阳光被白白浪费掉了。

·摘自《读者》（校园版）2016 年第 6 期·

动物储存食物有妙招

张维麟

胡蜂通过"麻醉手术"储存食物

雄胡蜂和雌胡蜂在秋季交配以后，雄胡蜂一两天内就会死去，而雌胡蜂还要活下来，然后在来年春天产卵孵化出后代。为了越冬，雌胡蜂会在交配以后大肆忙活，把别的虫子抓来并运回洞里，然后给它们施行"麻醉手术"，即用自己有毒的尾部刺针刺入它们的体内。这种手术的要求很高，"麻醉剂"注入得少了不管用，注入过量又会把虫子弄死，因此要恰到好处，使虫子处于深度麻醉状态但又死不了，这样就可以使"食物"保鲜。在秋季，胡蜂就是用这种"麻醉法"储存过冬食物的。

鸟类的储食高招

生活在美国的星鸦，住在松树林里，主要以松子为食，也吃榛子等坚果。深秋后，这些种子一成熟，星鸦就忙于储藏。其储藏点可达上千个，挖个小坑，存上四五粒种子，上面盖上一层土，然后用枯草、树叶作为伪装，上面再放一颗石子作为记号。星鸦的记忆力很好，几个月之后，它们仍能找到自己之前储存的食物。

虎纹伯劳是一种很凶猛的肉食性鸟类。它们主要以田鼠、蜥蜴和蝗虫等为食。在食物充足的时候，吃饱以后，它们还会不停地捕捉猎物，将猎物挂在树枝上或尖刺上，就像人类晒鱼干或腊肉那样晒干，然后将其储存起来。

灰噪鸦生活在美国和加拿大北部的针叶林里。那里的冬季可供它们果腹的食物极为稀少，而四处覆盖的大雪又使它们不能将食物藏于地下以待日后找回，大自然迫使它们找到了独特的储存食物的办法。它们的唾液腺特别发达，分泌物自然也很多，它们用唾液将云杉种子等食物黏在树叶上。在冬季来临之前，灰噪鸦会储藏数以万计的种子，并且把每粒种子都藏在不同的地方。

啄木鸟以啄木食虫为生，并且一般是独自生活的，然而美国加利福尼亚州的橡实啄木鸟与一般的啄木鸟不太一样，它们喜欢过集体生活，不过它们的团队数量也是有限的，一般不会超过15只。它们夏天吃昆虫，当冬天昆虫销声匿迹时，它们的主粮就是橡树的果实——橡子。因此，为了有足够的食物过冬，在秋季橡子成熟以后，它们就加倍忙活起来，在枯树上凿出几百个乃至上千个"粮仓"，用来储藏橡子。这种习性，在啄木鸟中是独一无二的。

河狸的地下储藏室

　　河狸基本上是素食主义者，为了便于获取食物，河狸世世代代生活在有森林的河边，因为它们吃树叶和树皮，建造房屋时也是就地取材。它们的房舍建造得相当巧妙，房子有两个出口：一个通到地面，另一个由隧道通到水下。原来它们造的是两层"楼房"，上层干燥，为卧室；下层在水下，是食物储藏室。秋天，河狸就用它们尖利的门齿大量伐树，将树枝与树干分开，再运到自己的房屋附近，堆成一垛。到了冬天河水结冰时，河狸便躲在自己的安乐窝里，享用早已准备好的食物。

·摘自《读者》（校园版）2016 年第 7 期·

当乌鸦遇见爱

李 姝 编译

在人类的认知世界，乌鸦少有好形象。尽管在中国古代传说中，三足乌鸦是太阳的化身，但在现代文明中，乌鸦则被视作厄运的使者。大导演希区柯克让乌鸦在电影里袭击人类，作家爱伦·坡给乌鸦安排的独白是"永不复生"。

谁叫乌鸦长得黑黢黢、嗓音聒噪讨人嫌呢。

正当关于乌鸦的评价一边倒之时，一个勇敢的"脑残粉"站了出来。此人名叫松原始，性别男，爱好乌鸦。在专著《乌鸦的教科书》中，这位好脾气的日本大叔表示："如果能让大家感觉到乌鸦是一种很有趣的鸟，那就幸甚之至了。"

当你用有爱的目光观察乌鸦时，你会发现它们具备一个"萌货"所具备的一切特点：天生"吃货"，从稻穗到垃圾，来者不拒；相当机智，会制造工具；偶尔神经大条，一不小心就把别人家的孩子当自家娃喂了。

按理说，当城市的"水泥森林"开始侵占树林时，乌鸦也该像别的鸟儿一样隐居深山，但它们偏偏赖在"新大陆"，彻底实现了食物多样化。当研究者兢兢业业地啃着面包观察乌鸦时，它们吃的则是带骨牛肉、炸猪排，还有昂贵的意面。这是一项重要的发现："通常乌鸦比乌鸦专家吃得好。"

作为"城市居民"，乌鸦建房首选布满高压线的铁塔，弃老宅中常绿的阔叶树于不顾。它们还学习了新技能，成为飞檐走壁的"毛贼"。反正一身黑，连作案的夜行服都不用准备。

乌鸦喜欢用树枝与人造材料"混搭"做窝，尤其喜欢衣架、铁丝、胶带这些能弯曲的东西。它们的"室内装修"更是精益求精，非狗毛、塑料袋、假发这些柔软材料不可。它们一边唱着"啦啦啦，我是拾破烂的小行家"，一边乐此不疲地在城市里"采购"。

乌鸦深谙"在城市里打拼，更要好好吃饭"的道理，因此，掌握了很多山林同类想象不到的本事。

美洲乌鸦为了享用贝肉，会将贝壳从高空摔下，高度与"使这种贝壳能够摔碎的最低高度几乎一致"。日本的乌鸦也常用这一招来砸核桃吃。

还有乌鸦发现了更有技术含量的吃法：利用马路上来往的车辆将核桃压个稀巴烂。这可是大招，但也有弊端：易出车祸。

乌鸦是出了名的"贪玩鬼"，它反复调整核桃的位置，并等待一辆"金属怪兽"将其轧碎，真是太刺激、太过瘾了。

乌鸦甚至会蹲着玩滑滑梯，还能在雪地上躺着来回滑动，甚至倒挂在电线上，像个棒槌似的摆动。最让人费解的情景是，一只乌鸦用爪子握着一枚松果，像一只脚穿了木屐一样，摇摇晃晃地走着，突然，它躺倒在地，把松果送进嘴里。只能说，乌鸦的世界我们不懂。

若要真正了解乌鸦是很困难的。为了观察乌鸦，松原始去过世界各地。"金钱和生命是有尽头的，但是，梦想肯定是没有尽头的。"说到那些他还没见识过的乌鸦，这位不爱讲大道理的大叔真情流露了一回。

·摘自《读者》（校园版）2016 年第 7 期·

动物的眼睛藏奥秘

佚　名

北极海鹦：我有内置的潜水眼镜

北极海鹦是栖息于北大西洋海岸的一种海鸟，它的水下视力极好。除了常规的上下眼睑外，北极海鹦还有第三只眼睑，当它潜入水下猎食时，这个透明的眼睑就会覆盖住眼角膜，像戴着一副潜水眼镜一样，使其在60米深的水下也能"明察秋毫"。

豹纹守宫：我的眼睛是世界上最敏感的传感器

豹纹守宫是一种有斑点的蜥蜴类动物，它的眼睛配备有极其敏锐的传感器。当人类在干燥难耐的沙漠里被阳光晃得睁不开眼时，这个捕猎者的瞳孔却可以发现轻微抖动的沙砾下藏着的小甲虫，整个过程只需要几毫秒。这一神奇的识别技能至今还是一个谜。它的视觉系统甚至比人类最先进的摄像机还要敏感。

红眼树蛙：我的眼睛有个完美的魔法斗篷

红眼树蛙主要生活在中南美洲的热带雨林中，它那血红的眼睛绝对是自然界的一个大手笔，它的瞳孔颜色随时发出警告信息："当心，我有毒。"不寻常的眼睛颜色使得猎食者都会犹豫一番，考虑是否要对这个看上去奇怪的雨林土著下毒手。不仅如此，造物者还赋予了它另外一个高明的骗术：在它传统的眼睑边，每一只眼睛都有一层小的保护性的隔膜，能够帮助红眼树蛙在狩猎时掩盖住它那吓人的眼睛颜色。不过，虽然有这套狡猾的伪装，这个可怜的生物却是个高度近视患者，它只能看到距自己15厘米之内的事物。

白头海雕：我能从2000米高的地方看到一只老鼠

白头海雕生活于北美大陆，它的视觉感知度比人类高出4倍~8倍，能在2000米的高空不费吹灰之力看到一只老鼠。秘密就藏在它的视网膜里：它有比人类多出5倍的视觉细胞，也有视网膜中央凹。这是一个小的中央凹，由紧密堆积的视锥细胞构成，这对于定位猎物来说十分有用。正是眼睛里的这些大量的视锥细胞，使得白头海雕能够在800米远的地方，看到一个水中的猎物。它的猎捕精准率更是高达90%，这使它无愧于"猛禽之王"的称号。

·摘自《读者》（校园版）2016年第17期·

没有鲨鱼的世界是什么样子的

康斯坦丁

提起鲨鱼，我们能够想到的可能就是锋利的牙齿和细小的眼睛，这些体表特征都让我们对鲨鱼充满了恐惧的感觉。我们只希望在水族馆和海洋公园里看看被关在水族箱里的鲨鱼，谁也不愿意在冲浪和在海里游泳的时候跟它们发生任何的亲密接触。那么基于这种想法，我们能不能试想一下，这个世界上没有鲨鱼会是什么样子呢？

如果海洋里没有了鲨鱼，会给我们人类带来哪些变化呢？最大的变化莫过于每年会少死 10 个被鲨鱼咬死的人，相关的海域也不需要设立警戒线，游泳健将可以在海洋中任意地游玩，冲浪者更是不需要担心在你翻板的一刹那会看见一个血盆大口，并且将你吞没。这就是海洋中没有了鲨鱼之后对我们人类带来的改变。然而对于海洋和海洋中的生物又有哪些改变呢？

　　要知道，现在海洋中的鲨鱼在以每年 3000 条的速度减少，如果我们真的希望鲨鱼消失，那么只需要放任不管，10 年内我们就再也找不到一条鲨鱼了，那个时候的海洋一定会出现翻天覆地的变化。我们都知道，在海洋中鲨鱼是绝对的霸主，不管是哪一种鲨鱼，都处于食物链的顶端，这种情况已经存在了上亿年。一旦这个顶端不存在了，那么处于第二梯队的鱼类就会开始大量繁殖，比如金枪鱼。而它们的食物是更小的鱼虾，当鱼虾被大量捕食之后，藻类就会开始疯狂地生长，那么结果就是几乎每年我们都能够在全球所有的沿海地区看到赤潮，海洋的颜色也不会是深蓝色而是碧绿色，整体水质出现变化，最终造成所有的海洋生物死亡。到了那个时候，我们的后代就真的只能在水族馆里看看鱼类长什么样子了。

　　另外，很多人没有想过一个问题，鲨鱼属于深海动物，它们不在海底好好地生活，为什么总是到近海来伤人呢？难道它们就那么喜欢吃人肉？其实近几年鲨鱼伤人事件频发，就是因为海洋中的食物量已经不足以供给鲨鱼，它们才不得不来到浅海觅食。之所以海洋中的食物量不足，也是因为人类的滥捕滥杀造成的。海洋科学家们对鲨鱼的食物链进行了跟踪调查，结果发现鲨鱼食物链中的生物越来越少，几乎快不足以支撑鲨鱼的生存了。在美国的哈特拉斯角，曾经为了打造更大的海边浴场，增加娱乐业的收入，对鲨鱼进行过大范围的驱赶。结果科学家发现，该地区贝类的种类和数量急速下降，曾经遍布海洋的牡蛎现在居然很难找到踪迹，这让科学家们大跌眼镜，没想到已经造成了如此严重的生态破坏。因此，现在这里已经着手打造适合鲨鱼生活的环境，引导鲨鱼回流。

　　没有鲨鱼的世界是一个没有朝气的世界，而没有鲨鱼的海洋将是一片死海，人类将永远地失去吃鱼的权利。这样的世界你想要吗？如果不想出现这样的噩梦，我们还是拒绝一切鲨鱼制品、食品，让它们在海洋里自由地生活吧。

·摘自《读者》（校园版）2016 年第 20 期·

睡觉时也能飞的鸟

佚 名

疲劳驾驶是一件很危险的事，很多交通事故就是因司机疲劳驾驶引发的。但有些鸟类却可以不知疲倦地连续飞一百天以上，比如雨燕和军舰鸟等。那么，它们不需要睡觉吗？此前科学家猜测，这些鸟类可以一边睡一边飞。

最近，研究人员将脑波记录器装在军舰鸟的前额，记录它们在飞行途中的脑波变化。结果发现，在飞行时军舰鸟可以进行半脑睡眠，即一半大脑休息，一半大脑"值班"。这种现象在其他一些动物身上也存在，比如海豚、鲨鱼。不过让研究人员惊讶的是，军舰鸟在飞行时有时也进行全脑睡眠。这就像是一架无人驾驶的飞机在天空中飞。

据统计，军舰鸟平均一天的睡眠时间大约为 40 分钟，睡眠时间大多在晚上。如果我们每天只睡 40 分钟，那用不了几天，健康状况可能就会变差。不过军舰鸟似乎有应对的方法——飞行时少睡，落地后补觉。研究人员发现，军舰鸟在飞行途中的睡眠时间不仅比在陆地上时少，睡眠质量也更低。这可能意味着，回到地面之后的军舰鸟也需要补觉，以免过于疲劳。

·摘自《读者》（校园版）2017 年第 4 期·

鸟类大脑小，"含金量"高

黄　岗

　　太平洋的新喀里多尼亚岛上的乌鸦，会利用树枝搜索藏在树木中的昆虫；灌丛鸦懂得储藏粮食；日本的小嘴乌鸦会在十字路口，当汽车停下来时，把核桃放到车轮下，待车轮压开核桃后，再取走核桃仁儿。

　　捷克查理大学的研究团队发现，鸟类的大脑虽小但"含金量"高，因为它们大脑的神经元密度高。鸣禽和鹦鹉的大脑中含有大量的神经元。由于这些"多余"的神经元主要集中在前脑，大一点的鹦鹉和乌鸦竟然与灵长类脑拥有相同数量的前脑神经元。乌鸦和鹦鹉在某些方面甚至超越了猿类，比如说可以制造工具、从镜子里认出自己、计划未来需求、声音学习，等等。

　　神经元的密度高，使得神经元之间的信息传递速度更快。而智力还有认知能力，都取决于大脑中神经元的绝对数量和神经元之间的连接。此外，鸟类的视觉非常发达，动作也很敏捷，对于环境刺激后的反应相比灵长类更为迅速。

中山大学生命科学学院动物学副教授刘阳表示，鸟类的智慧还体现在个体之间的复杂的社会行为，比如合作、冲突，等等。解析大脑如何工作还有高级智慧的产生，一直是生命科学领域的基础问题。由于一些科学试验不能直接使用人，灵长类和鸟类是最好的替代的实验动物。这些研究有助于研究人工智能技术以及帮助攻克大脑疾病。

·摘自《读者》（校园版）2017 年第 9 期·

海豚的自愈术

木 一

    许多人都说海豚是治愈系的动物，绘着海豚的装饰画总能让人情绪平和、心情愉快。医学专家让患者与海豚多多相处，可辅助治疗自闭症、抑郁症等疾病。它们能够宽慰别人的心灵，抚平人类心中的伤口。

    但是，当海豚自己受伤时，谁来为它们抚平伤口呢？别担心，这种神奇的生物自身就有快速自愈的特殊本领。

    首先，即便海豚的身体上出现了较大的伤口，它们也不会因流血过多而死亡，因为它们止血有妙招。海豚是海中的潜游健将，而它们的身体在潜入深海的时候有一种自我保护机制——控制血液流动。在深海潜游的过程中，海豚的身体会优先保障重要脏器的血液供应，同时切断一些不太重要的部位的血液流动。这样一来，就能够控制受伤的部位的血液流动，使其较快凝结，血也就止住了。此外，深海水压很大，就像是天然的止血绷带。

其次，虽然海洋中存在大量的微生物，海豚的伤口很容易受到细菌感染，但是海豚的皮肤和脂肪中含有一种神奇的化合物，能够发挥类似抗生素的作用，抗菌消炎，让伤口不受感染。

不仅如此，这些化合物或许还有止痛作用。通常来说，动物受重伤之后，由于剧烈的疼痛，在受伤后的几周内，它们的行为习惯和猎食能力都会受到影响。但是，有了特殊化合物的作用，海豚似乎成了一种不怕痛的动物。就算身上的伤口又深又长，它们也不会有明显的疼痛反应，行为和进食一如往常，就像什么都没发生一样。

除此之外，海豚的受伤组织还可以迅速生长。就算是两个足球那么大的伤口，几周之后，海豚的伤口组织也能完全长好，原伤口处皮肤光滑，与周围的皮肤无异，不会留下凹凸的疤痕。这种神奇的组织修复能力主要得益于它们身体中一种特殊的干细胞，这种物质能够促使细胞快速分化生长，让受伤的组织迅速复原。

那么，我们是否也有可能像海豚这样，让伤口快速愈合呢？

我们知道，海豚属于哺乳动物，与人类存在一定的相似性，因而它身体中的这些物质对人类或许也能产生相似的作用。目前，科学家正在研究海豚皮肤和脂肪中分泌的这种化合物的构成，以便制造相应的修复药剂，将其运用到人体大面积损伤的治疗中。另外，科学家对海豚体内特殊的干细胞的修复能力也在深入探索，以期用于人体损伤的恢复。

委屈了变色龙

【德】维托斯·德吕舍尔

陈 俊 编译

下午3点左右，一支沙漠动物考察小分队来到了摩洛哥东南部的瑞索尼绿洲。经过近一天的长途跋涉，全体人员都有些累了，小分队的队长躺到一棵低矮的海枣树下，双手枕在脑后，眼睛凝视着墨绿色的海枣树叶，陷入了沉思。

忽然，一片约20厘米长的树叶晃动了起来。真奇怪，此刻没有一丝风，其他树叶也没有这种无风自动的现象。离树不远坐着考察队的另一位队员，他正在摆弄照相机，每当他的动作稍大一些，那树叶就停止摆动。这种奇特的现象吸引了队长的注意，他悄悄地坐起来。就在他的鼻子快要碰到那片"树叶"时，他才看出，这哪里是什么树叶，这是一条变色龙！

这条深绿色的变色龙四足攀着树枝缓缓向前移动，也许是在觅食，也许是为了躲避这些不速之客。队长一伸手便抓住了它。这条变色龙一被抓到手里，便立即从深绿色变成了黄褐色。这是在模仿人的手掌皮肤的颜色，似乎这样一变，它就会从手掌上消失。队长想把它捏紧一点，它却在他的手指上咬了一口。队长手一抖，变色龙掉到脚旁。眨眼之间，它又变成了沙黄色，几乎与树下的沙土融为一体。队长重新抓住它，把它放到树干上，它马上变成了与树干毫无区别的暗褐色。再让它爬到树叶上，它又迅速变成原先的深绿色。

队长夫人也是考察队队员，她被变色龙这套令人眼花缭乱的魔术吸引住了。她过来想试一试这变色龙还有多大的能耐，于是，先把它放到自己红色的裙子上，再把它放到自己天蓝色的衬衣和彩色大方格丝绸围巾上。实验的结果令人失望：尽管这条变色龙想变出适合外界环境的颜色，无奈力不从心，变出的却是极不协调的斑斓杂色。

这样看来，变色龙这种奇异的动物并非"万能魔术师"，而是有所能亦有所不能的。一方面，它能在瞬间变出适应环境的颜色，借助于这种本领它能在天敌面前隐藏自己，也能在猎食时不被对方发觉；另一方面，它的招数有限，无法变出它不熟悉的色彩。

我们进一步研究一下这种爬行动物的变色规律，将有助于更好地说明这个问题。

经过长期观察和反复实验，人们发现变色龙不全是比照外界色调来变换颜色的。在某些情况下，变出的颜色取决于它的"内心情绪"。就像人在羞愧时脸会发红一样，变色龙在情绪波动时，变出的颜色也各不相同。

拿南非一种头部长有两片肉垂的变色龙来说吧，假如另一条变色龙惹得它发了火，它就会立即变成墨绿带黄斑的色调。还有一种奇特的扁体变色龙，它一旦发怒，身上就会出现彩色的网状花纹——底色为天蓝色和鹅黄色，上有黑白斑点。一条在求偶期间的雄变色龙通体乌黑，就像穿上了黑色的燕尾服。在它向一条雌性变色龙求爱的时候，假如有不知趣的第三者想来插足，它就会勃然大怒，立即从乌黑色变成象牙白色，而且周身胀气，胀得像个气球一样。怀孕的雌变色龙色彩异常华丽，让人一看便知道它正处于"非常时期"。

有趣的是，当两条变色龙相遇，一场决斗在所难免的时候，人们从它们变换的颜色上便能判断出谁对胜利充满信心，谁表面气壮如牛而内心恐惧。因为胜利、失败、占上风或被慑服、完全绝望等内心活动，都会有特定的色彩表现出来。

说来简直令人难以置信，世上还没有一种动物像变色龙这样喜怒哀乐皆形之于色。从这个意义上来说，变色龙乃是一种表里如一的动物，它改变颜色是为了适应严酷的自然环境，并不弄虚作假，它的颜色总是在说真话。而人类中的"变色龙"呢，他们为了一时之利，藏头露尾，躲躲闪闪，尽量隐瞒自己的真实观点。所以用"变色龙"去形容那些两面派或多面派，确实委屈了这种动物。

那么，变色龙为什么能在极短的时间内变换颜色呢？这要从它的皮肤结构说起。它的皮肤共分6层。最外面的是透明的玻璃状皮层，其次是黄色色素细胞层，再次是红色色素细胞层。在通常情况下，色素是呈微点状存在于该皮层的细胞中的。在神经中枢的指挥下，这些微点能一下子扩散开来，使得整个细胞甚至整个皮层都"染上"该色素的颜色。第4层和第5层是反射层，分别反射蓝光和白光。第6层最古怪，它像一个扁的墨水存储器，通过数不尽的枝状毛细管道与上面各层相连。什么地方需要黑颜色，"黑墨水"就会立即被"挤"到那里去。举例来说吧，如果第 4 反射层反射的蓝光通过黄色色素细胞层，变色龙就通体变绿了。而当"黑墨水"通过黄色色素细胞层，变色龙又呈褐色了。因此，就像画家能在调色板上调制出各种颜色一样，变色龙借助奇妙的皮肤结构，也就变出各种颜色来了。从这个意义上来说，我们不能不惊叹大自然的造化之功。

·摘自《读者》（校园版）2018 年第 2 期·

"疯狂"动物命名史

陶短房

给宠物命名并非中国古代人的传统。尽管《诗经》中有数百个形容马的专有名词,清嘉庆三年(1798 年)还出版过养猫专著——王初桐的《猫乘》,里面提到一本更早的、写作年份不详的养猫专著《相猫经》,其中也记录了对猫的众多称呼,但这些称呼大多数是根据马或猫的毛色、长相或性格所赋予的类称。

据史书记载,最早有自己名字的马,是周穆王的"八骏",分别被命名为:"绝地""翻羽""奔霄""超影""逾辉""超光""腾雾""挟翼"。虽然这些名字实际上仍然是形容马身体特征或特长的词,但已经与八匹马一一对应,而不再是同一类马的统称了。

自幼爱马、曾骑着骏马东征西讨的唐太宗李世民,恐怕是中国古代最热心给马起名的一位,他命名的爱马有"六骏""十骥"。"六骏"为"什伐赤""青骓""特勒骠""飒露紫"等,"十骥"为"腾云白""皎雪骢""凝露白""玄光骢"等。其中"六骏"是他做秦王时征战所骑的立功马匹,地位特殊,其名字都为突厥语音译加上代表颜色、体貌特征的词组合而成。如"飒露紫","飒露"是突厥语"勇士","紫"则是毛色,这匹马在洛阳战役中曾经中了箭伤但不退却,因此得到这样的美名。

其实,中国古代最早被驯化的宠物是狗,但狗在很长一段时间都只是看家、打猎甚至养肥了吃肉的"二等宠物",因此有名字的并不多,即使有名字也都很随意。较早的记载如《搜神后记》中提到一只名叫"乌龙"的狗,还有西晋人陆机的狗叫"黄耳",《南史》中提到梁朝大臣张彪有一只名叫"黄苍"的狗,直到张彪逃难时仍不离左右。溥仪逊位后住在故宫里穷极无聊,养了100多只狗,这些狗都有名字,但平平无奇,如"紫球""小闹""三儿"等,稍微特别的是叫"佛格"和"台格"的两只德国牧羊犬。

家猫在中国是引进品种,其地位比狗更低。清咸丰二年(1852年),黄汉在《猫苑》中称:初唐人张博养了7只猫,皆有命名,分别叫"东守""白凤""紫英""怯愤""锦带""云团""万贯";此外五代诗僧贯休有一只名叫"焚虎"的猫;北宋末年装神弄鬼、导致首都汴梁失守的道士林灵素有一只名叫"金吼鲸"的猫;明代有只猫叫"霜眉";吴三桂的孙子、当过几年"大周皇帝"的吴世璠,据说有几只名叫"锦衣娘""银睡姑""啸碧烟"的猫……但这些记载几乎都出自《猫苑》,哪些是真的,哪些是黄汉杜撰的,实在无法辨别。即便都是真的,从黄汉对张博居然给7只猫皆有命名发出一声惊呼看,给猫起名字还是一种足以让人大惊小怪的特别行为。

不难看出，中国古人不喜欢给宠物命名，即使命名也绝不会像人类的名字，大概古人只是将它们看作"稍微特殊些的家畜"或"不会说话的奴仆"吧。

·摘自《读者》（校园版）2018 年第 4 期·

BBC 的 "荒野间谍"

乌 鸦

"去世" 的小猴

印度拉贾斯坦邦的一座寺庙里，生活着 120 只印度叶猴。这一天，忽然出现了第 121 只小猴子，它悄悄地潜入了猴群……

它是一只"间谍小猴"，是 BBC 派出的"密探"。毛茸茸的皮肤包裹着塑料的头骨和由电脑系统控制的金属四肢，让它看起来十分逼真，而它的右眼是一个高清摄像头。

它的工作是拍摄叶猴家族的私密生活细节。

"间谍小猴"的出现引起了猴群的骚动，猴子们纷纷赶来围观这位不速之客。经过一个多月的朝夕相处，猴子们才打消了疑虑，"间谍小猴"

彻底融入猴群。

但这一天，悲剧发生了——"间谍小猴"从树干上掉落，重重地摔到地上，然后直挺挺地躺在地上，一动不动。

这时，让人意外的一幕发生了：

一只母猴焦急地抱起小猴，心情沉痛地向大家宣布"间谍小猴"的死讯。

猴子们围在"间谍小猴"的"尸体"旁，气氛悲伤而凝重。

有的猴子悲伤不已，有的猴子去摸"尸体"的心脏，有的母猴把自己的孩子紧紧地搂在怀中，有的猴子拥抱在一起相互安慰……它们就像是自己的孩子夭折了一样，悲痛欲绝，久久不愿离去。

而"间谍小猴"右眼的摄像头拍下了这动人的一幕。

"粪便间谍"和"白鹭特工"

在非洲，大象是最难监视的一种目标，因为它庞大、强壮、聪明而且破坏力很强。

为了拍摄大象的私密生活，BBC 派出了最富传奇色彩的"王牌间谍"——粪便摄像机，以及经验丰富的"白鹭特工"。

粪便摄像机是由 4 个粪球轮胎和一个粪堆摄像机组成的，散发着大象熟悉的粪便味道。摄像机带有变焦功能，能拍下象群的一举一动。

由于大象的体重惊人，很多"间谍"都"丧生"于象腿之下，而粪便摄像机的优势之一便是：大象一般不会主动踩踏自己的粪便，这大大提高了粪便摄像机的"生存"概率。

另外，粪便摄像机还有一个独门绝技：拉"屎"。其实那是它释放出的一部粪球摄像机，可以贴近大象进行拍摄。

而"白鹭特工"的优势在于，白鹭是大象最熟悉的鸟类，被大象伤害的概率很小。

事实证明，在 BBC 纪录片团队 3 年的拍摄中，"白鹭特工"从未受伤。它唯一一次被攻击，是一头兴奋的母象朝它丢了一大坨泥巴。

"白鹭特工"和"粪便间谍"经常联合出击，在追踪陆地上最强悍动物的战役中屡立奇功。

它们的组合名称或许可以叫"屎徒行者"。

"间谍松鼠"的"间谍坚果"

北美洲的秋天满地金黄，灰松鼠正在储存过冬的食物。一只"间谍松鼠"悄悄地来到了它们身边。

每年秋天，一只灰松鼠会埋藏约 1 万颗坚果，等到冬天的时候再把它们挖出来充饥。它们具有令人惊叹的记忆力，能记住其中约 4000 个埋藏地点。

而 BBC 的"间谍松鼠"用它右眼的摄像头，记录下灰松鼠的一些"卑劣"行径。

"间谍松鼠"的手上抱着一颗硕大的"坚果"。它看起来呆头呆脑，一副孬种的样子。很快，"间谍松鼠"就被一个没节操的家伙盯上了。它在大庭广众之下的强抢行为，尽收"间谍松鼠"的钛合金"鼠眼"。

但"间谍松鼠"手上拿着的可不是一般的坚果，而是一颗"间谍坚果"。

到了冬天，那个没节操的松鼠挖出它时，想必会很蒙……

骚扰狐的"间谍眼镜蛇"

在非洲的卡拉哈里沙漠，生活着一群"讲义气"的狐獴。

在狐獴的社会中，哨兵是最危险的职业，因为哨兵很容易成为捕食者的目标。但为了保护同伴，它们愿意承担风险。

这一天，正当一只狐獴哨兵"站岗"时，一条"间谍眼镜蛇"出现在它的面前。

狐獴丝毫不考虑自己的安危，用瘦小的身躯挡住了"眼镜蛇"的去路。它反复试探，试图让入侵者知难而退，但这条"眼镜蛇"就是不肯退却。无奈之下，狐獴发出了叫声，呼唤兄弟们来帮忙。

狐獴们纷纷赶来，在凶狠的"毒蛇"面前毫无惧色。在一次次勇敢的格斗中，它们甚至几乎发现了"间谍眼镜蛇"的真相。

……

这些都是BBC纪录片团队2017年作品《荒野间谍》中的镜头。跟之前的作品不同，在《荒野间谍》中，BBC曝光了自己的纪录片拍摄手法，让人惊叹不已。

原来，早在16年前，BBC就用伪装成石块的摄像机拍摄过狮子家族的私密生活。16年来，随着技术的进步，BBC纪录片团队不断改良伪装拍摄的设备：他们用"间谍鳄鱼"深入危机四伏的湖水探秘；他们用"间谍北极狼"照料一只与父母失散的狼崽；他们用"间谍企鹅"窥探企鹅家族的鄙视链；他们用能潜水的"间谍河马"发现了河马治疗皮肤病的秘方；他们用"间谍土拨鼠"搞懂了土拨鼠家族复杂的预警系统……

《荒野间谍》的制作周期长达3年，动用了34种"间谍动物"。BBC纪录片团队耗尽心力，为我们打开了一个前所未闻的世界。

·摘自《读者》（校园版）2018年第5期·

解读"汪星人"和"喵星人"语言

叶 子

萌萌的动物总是让人喜爱，但面对它们的叫声，人类却是一头雾水。到现在为止，还没有人能完全弄懂哪怕一种动物的语言。当然，这里的语言不只是口头语言，还有肢体语言。

狗狗在说什么

狗狗们前肢置于地面，身体弓起，尾巴竖起摇个不停时，它们在表达什么意思呢？这个动作类似于人类的邀请动作，狗狗们如果向你展示了这一动作，说明它们想邀请你一同玩耍。就狗的祖先狼来说，类似的行为往往只在狼出生的头几年才会有，但宠物狗一生都会使用这种姿势。

如果狗狗们紧张了，它们脊背上的毛会竖起，然后夹起尾巴，表示受到惊吓或感到害怕。这些是无意识的反应，而且狗能理解其他狗的这一行为，并给出相应的回应。而当一只狗仅仅夹着尾巴时，实际上是在承认其他狗或者人的主导权，因为夹尾动作会让狗在体形上看上去更小，而且还能隐藏自己的弱点，防止在逃跑的时候被其他狗咬到尾巴。

其他一些信号还会表达多重含义。如果狗伸出舌头、舔舔鼻子，说明它们可能想取悦人，或者感到了敌意，狗狗们试图用这个动作友好地表示自己不是威胁。当然，在饿了的时候，它们也会有这个动作。所以，我们需要通过特定的情景来判断。

<h2 style="text-align:center">解锁猫的面部表情</h2>

人们普遍认为猫是冷漠的动物，由于其脸上被毛发覆盖，研究人员很难区分其面部表情的细微差别，所以它们的思维过程也非常神秘。不过，美国林肯大学最近进行的一项新研究，也许可以帮助我们解锁猫的表情包。

这次研究的对象是加拿大动物收留所的 29 只家猫，研究人员使用了一个叫作"猫脸"的复杂面部动作编码系统，来检测猫咪面部微小的表情变化。

研究结果表明，猫并不是什么冷漠的动物，它们的面部表情传达着非常多的含义。当一只猫发出嘶嘶声，有时还舔舔鼻子时，表示它很沮丧。吐舌头和耳朵低垂，同样表示它们产生了挫败感。而大声叫的猫，张大嘴露出尖牙，下巴低垂，则是愤怒的标志。

如果一只猫感觉到放松，它们往往会向右边歪着头，盯着面前的事物。但非常奇怪的是，如果它们向左边歪头，则表示它们正在害怕什么东西。另外，在人类看来，眨眼睛和半眯着眼的猫似乎是冷漠的。然而，这项研究显示，频繁眨眼实际上表示猫很恐惧。

　　总之，猫的面部表情十分丰富，会在放松、恐惧和沮丧之间变换。它们要么在沉思，要么在策划一次行动，或者在害怕，或者在生气。不过，可能会让猫的主人们失望的是，研究结果表明，猫咪基本不会有"快乐"或者"悲伤"的情绪。

·摘自《读者》（校园版）2018 年第 6 期·

遇上传染病，动物怎么办

楚云汐

找个"医生"来治病

　　鲑鱼，亦称"鲑鳟鱼"，它们成群结队地生活，彼此之间经常会很亲密地接触，所以，一旦发生传染病，疾病就会迅速在鱼群里蔓延开来。海虱是一种让鲑鱼备受折磨的寄生甲壳纲动物，它们靠吃寄主的黏液、表皮组织及血液为生，经常吸附在鲑鱼的身上，造成海虱病。感染海虱的鲑鱼不久后便会出现表皮失血等症状，如果不及时医治的话很快就会死去。可以说，感染海虱就是鲑鱼的一场"噩梦"。2007 年，野生鲑鱼携带的海虱曾造成一场灾难，鳟鱼也因此感染上海虱病。

　　一些鲑鱼因此而死，但另一些鲑鱼因为得到及时的"医治"，而逃过了一场灾难。贝氏隆头鱼就是鲑鱼群里著名的"医生"。这些喜爱吃大鱼身上死皮的鱼，会把附着在鲑鱼上的虱子吃掉。于是，虱子成了小鱼的美食，大鱼也因此重新获得了健康。一条不起眼的小鱼能治愈150条感染海虱的鲑鱼。在一个半小时之内，小鱼就能吃掉寄居在两条鱼身上的45只海虱。

实际上，鱼类里的"医生"有很多。不仅鱼类会因为这些"医生"受益，人类也沾了不少小鱼的光。爱美的女性会把脚放入一个装满小鱼的盆里，让小鱼去对付脚上的死皮和细菌，这种美脚方法一度风靡美国。在很长一段时间里，美国美容店的按摩师都争先订购带有"美脚功能"的小鱼。

将传染者隔离起来

同鲑鱼相比，蚂蚁是更典型的群居动物，所以，它们更需要对付传染病。

虽然蚁群里没有像小鱼那样的"医生"，但蚂蚁演化出了对抗传染病的独特方法，以帮助它们自己保持身体健康。在处理感染体上，蚁群表现得像一个超级个体，非常有"社会责任感"：为了保证整个蚁群的健康，如果蚁群里有一只蚂蚁因感染某种真菌疾病而死，其他蚂蚁就会合力把它的尸体运到离蚁巢很远的地方，再用土把它掩埋起来。

而且有趣的是，当环境出现变化的时候，蚂蚁还会根据环境采取不同的应对措施。

把一群红蚂蚁放在有限的空间里，剥夺它们走出蚁巢的自由，再放入一只被感染的蚂蚁，你会发现，蚂蚁"侦查员"在发现这只被感染的蚂蚁后，很快便召集同伴把它挪到蚁巢的角落里，并在周围弄点草把它盖上。不仅如此，它们还把蚂蚁卵移到了离"病员"最远的地方。放置感染蚂蚁的地方俨然成了一块禁地,大部分蚂蚁会选择绕行。研究者发现,将被感染的个体移得越远,蚁群会越健康。

实际上,把被感染的个体埋起来与整个蚁群隔离是一种预防措施。从本质上来说,它与通过伪装自己,比如变色来保护自己的机制并无太大分别。

治病靠自己

对于动物来说,自我治疗的能力是非常重要的,因为只有这样,它们才能顺利地生存下去。

我们知道,寄生虫病是自然界中一种比较常见的传染病。在漫长的演化过程中,动物们都拥有了对付寄生虫病的各种妙招:黑猩猩、熊和鹅会吃一些有驱虫作用的树叶;而牛则会以毒攻毒,吃点儿含有细菌的黏土,让自己腹泻,这样便成功甩掉了寄生虫。

科学家发现,当小鼠生病,或是吃了有毒的东西,它们会自动去寻找一种黏土。这是一种具有药用价值的黏土,能吸附毒素、减轻毒性。

在很长一段时间内,人们曾认为自我治疗是哺乳动物的专有技能,但后来科学家发现,鸟类和昆虫自我治疗的能力同样不差:果蝇会使用酒精来保护自己免受寄生蜂的干扰;蜜蜂会用搜集到的含有抗菌化合物的树脂来筑巢;受到寄生虫感染的雌性帝王蝶,更倾向于把卵产在抗寄生虫的植物上,而未受感染的雌性帝王蝶就没有这个倾向;城市中的鸟类还会将香烟头放进自己的窝里,让香烟中的化学物质"击退"巢中的寄生虫。动物把大自然当成了一个大药箱。

舔舔毛，泡泡澡

和人类一样，很多动物也很"讲究卫生"。

如果一只雪白的宠物猫十几天不洗澡，那它会不会变成一个小黑球？不会，因为猫咪每天都给自己进行清洁。只要一有空，它就会不断地舔自己身上的毛。有时，舔上一两个小时都不是事儿。所以，它仍会很白净。

舔毛不是猫科动物的专属清洁方法，鸟类、有角类动物也经常这么干。对于它们来说，舔毛就同我们洗手一样稀松平常。

猴子不仅会帮助同类梳理毛发，挑出讨厌的虱子和跳蚤，还会通过泡澡来让自己彻底干净一下。日本雪猴就会时不时跑到附近的温泉去"享受"一下。

·摘自《读者》（校园版）2018 年第 9 期·

企鹅有膝盖吗

凯莉·奥克斯

　　除了好似燕尾服黑白相间的皮毛，提到企鹅，我们通常还会想到它们萌萌的步态。它们看上去好像真的没有膝盖，双腿直立，通过不断地一抬脚一放脚向前移动，一摇一摆地走着。

　　但实际上企鹅是有膝盖的，而且其腿的骨骼结构与人腿的结构相似，由短的股骨、膝盖、胫骨和腓骨组成。它们的腿看起来短而结实，因为基本上被浓密的羽毛遮住了，若将它们置于 X 光下，我们就可以看到那隐藏的膝盖。

　　虽然有与人腿结构相似的腿部骨骼，但企鹅 75% 的时间是在水中度过的，剩下 25% 的时间用于在冰上或地上行走。由于对水的偏爱，它们的骨骼进化成更适于游泳的结构，所以它们可以毫不费力地在水里"遨游"。

·摘自《读者》（校园版）2018 年第 9 期·

蜗牛很"牛"

蒋骁飞

在很多人眼里，蜗牛是羸弱的小动物，它们行动迟缓、不堪一击，遇到天敌，几乎只能坐以待毙。然而另一个不争的事实是，蜗牛是世界上分布最广、数量最多的动物之一，它们遍布世界各地，森林、草地、池塘、沼泽、高山、平地、丘陵等地随处可见其踪影，甚至在一些高寒地区也能发现它们笨拙但坚定的身影。一个种群能如此繁盛，一定与其强大的适应力有关。其实，在适应环境方面，蜗牛是不折不扣的强者。

蜗牛的足部有一个特殊的结构，被称为"活板"，相当于蜗牛壳的大门。蜗牛一旦预感到危险，就会把自己的身体缩回蜗牛壳中，用活板封住蜗牛壳的口，形成一个密闭的空间。直到它感觉到警报解除，才会再次出来活动。那么蜗牛在壳中一次能待多久呢？几个小时，几天，几个月，甚至几年都有可能。躲在壳里的蜗牛可以将自己的代谢速率降到极低的程度，仅仅维持呼吸、循环等最基本的生命活动。曾经有人将一只被认为死去的蜗牛制成标本，没想到4年之后，当他把蜗牛标本拿到湿润的环境中时，这只蜗牛竟然从壳中钻了出来，在众目睽睽之下闲庭信步起来。

在日本，有一种名为蚤蜗牛的蜗牛，它们可以"迁徙"——从一座岛屿迁移到数百千米甚至上千千米外的另一座岛屿上。大家都知道，蜗牛的行动极其缓慢，每天的生活区域通常只有几平方米，蚤蜗牛难道能借助什么神秘力量"飞"到几百千米以外的地方？

科学家最终揭开了谜底。有一种叫暗绿绣眼的鸟特别喜欢吃微小的蚤蜗牛，但有一小部分的蜗牛被鸟吞食之后，能承受住鸟儿的消化液，最后随粪便被鸟儿排出体外而逃生。日本研究人员裕也一郎说："我们发现大约有15%的小蜗牛经过鸟儿的消化后，仍然活着。受到地域限制的无翼陆生无脊椎动物，尤其是蜗牛，为什么能够迁移到很远的地方？也许通过以下解释可以揭开这个谜底——它们借助鸟儿的足、肠胃，抑或是龙卷风，被散布到更加广阔的区域。"动物的消化液腐蚀性极强，能将钢铁腐蚀，而看似弱不禁风的蜗牛却能在其中安然无恙，并借助"鸟的翅膀"成功地扩展了自己的"势力范围"，不能不说这是一种别出心裁的生存策略。

在我们的意识中，快速、攻击、凶猛是强者的象征，但自然界的逻辑似乎并非如此，不然，缓慢、羸弱、渺小的蜗牛为何也能在"优胜劣汰"的丛林法则下生生不息？

鲨鱼是海洋系统的"整容师"

柳　静

鲨鱼是海洋中的庞然大物，也是食肉的凶猛鱼类，号称"海中狼"。可是，最近它被贴上了"整容师"的标签，因为它可以改变海洋中很多鱼的眼睛和尾鳍的尺寸。对此你是否感到十分惊讶呢？

原来，在海洋系统中，许多小鱼都有着较大的眼睛和有力的尾鳍，帮助它们及时发现并快速躲避鲨鱼的攻击与吞食。尤其在鲨鱼捕食出没的低光环境下，更是如此：一定尺寸的尾鳍可以保证鱼类突然加速游动，从而逃离鲨鱼的追捕。但是在 2018 年 1 月，西澳大利亚大学和一些机构的最新研究发现，由于近年来人类对鲨鱼的大量猎杀，导致多种鲨鱼濒临灭绝。鲨鱼数量的减少，使得其他鱼类得到了暂时的和平安稳，它们的形态也发生明显的改变，如眼睛变小、尾鳍变小。因此，鲨鱼就成了海洋系统的"整容师"，悄悄改变着其他鱼类的体型。

　　研究人员对澳大利亚西北海域罗利沙洲和斯科特礁两个珊瑚礁系统中7种不同的鱼类，专门进行了对比分析。这两个珊瑚礁地处相似的自然环境，但不同的是，罗利沙洲禁止捕鱼，鲨鱼数量比较稳定；而斯科特礁允许对鲨鱼进行商业捕捞，且已经持续了100多年。研究人员分别在两个珊瑚礁海域进行了采样捕捞，并测量了所捕捞鱼的体长、体宽以及眼睛和尾鳍大小。结果发现，与罗利沙洲的鱼类相比，斯科特礁同种鱼类的眼睛尺寸小46%、尾鳍尺寸小40%。

　　研究人员解释说，这次的研究发现，人类捕捞鲨鱼使其数量减少，会导致一系列生态后果，小鱼的眼睛及尾鳍尺寸等发生变化仅仅是一个方面。其实，鲨鱼数量的减少，正在悄悄地影响着海洋生态系统。

　　首先，鲨鱼的数量大幅度减少，那些体弱多病、基因突变导致畸形的鱼，就不会及时被消灭，优胜劣汰的进化也不能更好地延续下去。那些没有被吃掉的弱鱼、病鱼会一直繁殖，直到基因退化，这不利于种群的健康发展，对海洋生物的多样性和优化性将是一个致命的打击。

　　其次，由于鲨鱼数量的大幅度减少，那些以浮游生物为食的海洋动物的数量就有可能增加。全球70%的氧气来自海洋中的浮游生物，所以浮游生物的数量一旦大量减少，就可能导致全球供氧不足。

　　最后，鲨鱼数量的大幅度减少，将使海洋生态环境无法正常维持，水质环境也会进一步恶化。因为，鲨鱼是海洋系统中名副其实的"清道夫"，它可以通过清理大型海洋动物腐烂的尸体，如鲸、鲟、海豚等，来净化海洋的生态环境。

　　由此看来，鲨鱼在保持海洋生态系统的平衡中扮演了至关重要的角色，称它为海洋系统的"整容师"一点儿也不为过。

懒者生存：动物越懒惰，越不容易灭绝

HTT110　编译

　　如果你总是因为懒惰而受到批评，那么你现在或许有了一个很好的借口。一项研究表明，懒惰是一种极佳的生存策略：我们之中的懒人可能代表着人类进化的下一个阶段。

　　科学家们认为，他们已经发现了一种以前被忽视的基于"懒者生存"的自然选择法则。这表明懒惰可以算作一种确保个体、物种乃至整个物种群生存下去的良好策略。

　　虽然这项研究的对象为生活在大西洋底部的低级软体动物，但科学家们认为他们可能偶然发现了同样适用于高等动物的普遍规则，包括陆栖脊椎动物。

　　科学家们针对 299 种已灭绝物种与现存双壳类动物和腹足类动物（包

括蛏蜢与牡蛎在内）的能量需求进行了广泛的研究，时间跨度长达 500 万年。

那些成功避免灭绝并幸存至今的生物，往往是"低维持"物种，能量需求极少。在软体动物中，那些经历过恐龙时代却最终消失的物种，相比现在依旧生存下来的物种代谢率更高。

堪萨斯大学研究团队的领导者、美国生态学家 Bruce Lieberman 教授表示："从长远来看，动物的最佳进化策略可能是倦怠与懒惰。新陈代谢率越低，你所属的物种就越有可能存活下来。与其说'适者生存'，或许对生命历史的更好比喻应该为'最懒者生存'，至少也得说是'惰者生存'。"

科学家们表示，在 Proceedings of the Royal Society B 期刊上所发表的研究结果，可能会在预测受气候变化影响的物种命运时发挥重要作用。

同样来自堪萨斯大学的 LukeStrotz 博士则表示："从某种意义上来说，我们正在研究有关灭绝概率的潜在预测因子。在物种水平上，代谢率并不是导致物种灭绝的全部因素，有很多因素都会产生影响。但这些结果表明，生物体的代谢率属于物种灭绝可能性的一个组成部分。一个物种的代谢率越高，就越有可能灭绝。"

狼外婆为什么要吃小红帽

优 昙

在狼外婆吃小红帽的童话故事中,狼外婆的歹毒给大家留下了深刻的印象。可很多人想来想去也不明白,瘦瘦的小红帽到底有什么好吃的?

其实,我们都错了,狼外婆吃小红帽并非为了吃肉,而是为了咸味。在生活中,食盐不仅是最常见的调味料,而且是动物身体必需的物质。由于食盐对于动物来说太重要了,因此许多动物都特别偏好有咸味的东西,而狼外婆就是被小红帽身上的咸味诱惑了。

生命离不开食盐,关于这一点,科学研究早已证明。然而在古代,盐是一种非常珍贵的商品,老百姓不能随心所欲地吃盐。因此,人们吃的食物很清淡,摄入的食物中含有大量的钾,而钠的含量很低。为了适应这种高钾低钠的饮食,人类的肾脏学会了高效地排出钾而保留钠。不过,正是因为长期高钾低钠的生活，使得人类特别爱吃有咸味的食物。可问题又来了，人的身体会不会储存吃下去的盐分呢？

在很长一段时间里，很多科学家认为身体会储存盐分的说法是无稽之谈，因为以前人们常说，人身体里多余的盐分会变成汗液，或者被肾脏过滤后排出体外，不可能被储存起来。可现在的科学证明，人的身体确实在偷偷藏盐。盐藏在哪里了呢？它没走肾，而是藏在人的皮肤下面。

这就不难解释，为什么人类伤口感染的地方，钠离子的浓度会变高。还有，哪怕是吃得很清淡的小老鼠的伤口附近也是如此。既然盐具有杀菌作用，又是身体的天然药物，人体的免疫系统肯定是要存点儿盐以备不时之需的。

为了证明人体藏盐这个说法，科学家做了一个实验。如果人体内的钠含量稳定，那么人应该把多摄入的钠通过尿液排出来。也就是说，如果人每天吃的盐一样多，那么排出来的钠也应该一样多才对。科学家为饮食受到严格控制的宇航员做了一个实验：在一段时间内给宇航员吃同样质量的盐，结果却发现宇航员每天通过尿液排出的钠居然会以周和月为单位产生波动。

由此，科学家得出了一个合理的解释：人体把盐按身体所需藏了起来。另外，科学家还发现，人体藏盐的地方不是膀胱和肾脏，而是在皮肤下面。加州大学伯克利分校的研究人员还通过实验证明，因为盐有免疫作用，而小孩由于免疫力比成年人的弱，所以会在皮肤下面储存更多的盐分。

知道了盐对动物身体的重要性，知道了小孩皮下会储存更多的盐分，是不是就明白了狼外婆为什么想吃小红帽了？试想，作为生存在内陆森林里的狼外婆，免疫力已经不比当年了，森林里的植物性食物无法提供"她"的免疫系统所需要的钠。为了保持身体健康，狼外婆不得不把小红帽作为补充钠盐的来源。

不过，假如你想重新写狼外婆和小红帽的童话故事，你完全可以让聪明的小红帽说："别吃我，我送你一包盐。"

·摘自《读者》（校园版）2018 年第 24 期·

漫长岁月，鸟类怎么搞丢了牙

姜 靖

众所周知，如今所有的鸟类都没有牙齿，它们各自进化出不同形状的喙，以适应不同的取食需求。不过，化石研究表明，早期鸟类和它们的祖先兽脚类恐龙一样，嘴里都是长满牙齿的。以往科学界对鸟类喙的发育过程有比较深入的研究，但是对鸟类牙齿丢失的原因一直众说纷纭。

那么，鸟类到底是如何在漫漫历史长河中把牙给弄丢了的呢？

2017 年 9 月 26 日，发表在《美国科学院学报》上的一项最新成果称，在窃蛋龙类和基干鸟类中发现了牙齿在个体发育过程中逐渐丢失的现象，并指出牙齿的异时发育退化才是导致鸟类牙齿丢失的直接原因。

鸟类没牙齿，是为了减重还是基因突变

人类对鸟喙形态的研究历史可以追溯到 19 世纪中叶。当时，达尔文在随"贝格尔"号进行环球航行时，注意到了生活在加拉帕戈斯群岛不同岛屿上的地雀具有不同形态的喙，可以帮助它们适应不同的食性并占据不同的生态位。虽然达尔文将这一发现作为支持物种进化的有力证据写入了《物种起源》，但他并没有回答鸟类牙齿如何丢失的问题。

最早关注鸟类牙齿丢失问题的可能是荷兰古生物学家海尔曼，他在 1927 年出版的《鸟类起源》中提到："最早的鸟类有牙齿，但是后来鸟类长出了角质喙，因为角质喙代替了牙齿的功能，牙齿不再使用，所以就逐渐退化了。"虽然海尔曼并没有回答鸟类的牙齿是怎么退化的，但此后的整个 20 世纪几乎没有人对这一解释提出过疑问。20 世纪 50 年代，甚至有人进一步提出，鸟类牙齿丢失是为了减轻体重，从而更利于飞行。

"为了获得一个功能而失去或得到一个器官，在演化上是很难实现的，这就好比人类想飞上天，但从来不会长出翅膀。"首都师范大学生命科学学院的学者王烁说。不过，当时并没有人对此提出质疑。"因为不论是支持还是反对都需要证据，当时全世界发现的早期鸟类化石非常稀少，由于标本有限而且相当破碎，人们根本无法系统地推测早期鸟类到底长什么样儿，也不清楚究竟是只有始祖鸟还是所有的早期鸟类都长有牙齿。"

在随后的很长一段时间里，科学界对此并无更深探讨。直到 2014 年年底，有学者在分析了数百种没有牙齿的现生脊椎动物基因序列的基础上提出：鸟类没有牙齿是因为它们与牙齿发育相关的基因发生了突变。

"实际上，大多数早期鸟类是长牙的，只不过长得不是很整齐，有些丢失前面的几颗牙，有些丢失后面的几颗牙。牙齿只要能生长就说明早期鸟类与牙齿发育相关的基因并没有发生突变，而是某些其他的原因导致了鸟类牙齿的丢失。因此从那时候起，我就怀疑这些学者的观点可能是站不住脚的。"王烁说。

牙齿长丢了，是否缘于异时发育退化

2016 年 12 月 22 日，王烁的研究团队曾报告称，他们在新疆发现了一种幼体长牙、成体无牙的恐龙——难逃泥潭龙。

这种恐龙刚出壳时，嘴里至少有 42 颗牙齿，到了半岁时就只剩下 34 颗，而到了接近 1 岁时牙齿就全部没了。这是科学家第一次在恐龙中观察到牙齿长丢了的现象。为此，他们试图从中探析鸟类牙齿丢失之谜。

研究小组发现，牙齿在个体发育过程中，逐渐丢失的现象在窃蛋龙类和基干鸟类中同样存在，并且在恐龙向鸟类演化的过程中，牙齿异时发育丢失的时间不断提前。研究小组称，这说明牙齿的异时发育退化才是导致鸟类牙齿丢失的直接原因。

所谓异时发育，就是发育的时间和速率发生的改变。我们看到的动植物的很多特征都是异时发育的结果，比如雄狮长有鬃毛，雌狮则没有。这是因为在这个特征上雄狮比雌狮多走了"一步"。在王烁看来，对于鸟类的牙齿丢失而言，相对其祖先兽脚类恐龙，它们不是多走了一步，而是少走了一步。

鸟类的祖先恐龙是有牙齿的，但是有那么几种恐龙，第一代时牙齿还在，随后的几代牙齿慢慢就不长了，取而代之的是慢慢长出来的角质喙。最初长牙的基因没有突变丢失，而是慢慢关闭了。作为一个新出现

的器官,角质喙慢慢取代了牙齿的功能,成为鸟类取食的重要器官。此后,作用于牙齿发育基因上的自然选择压力逐渐减小,这些基因开始发生突变。这说明科学家在现生鸟类中发现的基因突变是鸟类演化后期才出现的现象,而早期鸟类牙齿丢失的真正原因是异时发育。"人类现有的技术还不能直接检测鸟类化石上残留的遗传物质,因此要想回答鸟类的牙齿是如何丢失的问题,必须借助于古生物学证据。"王烁说。

恐龙掉牙关鸟类啥事

那么,问题来了。恐龙牙齿丢失与鸟类喙的演化有什么关系?

王烁解释说:"目前的证据普遍支持兽脚类恐龙是鸟类的祖先,因此要研究鸟类起源以及鸟类重要特征的起源,就得先知道鸟类的祖先身上发生过什么。这一点就好比我们想知道人类的起源,就需要研究猩猩一样。"

相比以往关于鸟类牙齿丢失的假说,这一新的发现更有说服力。首先,通过基于大数据的特征相关性分析,研究人员发现,鸟类牙齿的丢失与角质喙的发育存在着必然的联系。以往的研究表明,骨形态发生蛋白不仅控制着牙齿发育,也参与了角质喙的发生过程。通过发育生物学实验证实,这一信号通路表达的上调在引起牙齿发育中断的同时还可以促进角质喙的生长——这一结果第一次阐明了引起牙齿异时发育退化的可能的机制。

其次,从泥潭龙到窃蛋龙再到早期鸟类身上都存在这一现象,这说明牙齿的异时发育丢失是脊椎动物牙齿演化常用的一种"手段"。

通过形态学、演化发育生物学、大数据分析等分析手段获得的这些研究成果具有很高的可信度。这标志着鸟类牙齿如何丢失这个困扰科学家将近一个世纪的科学问题,或许最终得到了回答。

为什么没有绿色的哺乳动物

大象公会

我们身边有很多哺乳动物，比如"喵星人""汪星人"。可是留神观察一下就不难发现，地球上没有绿色的哺乳动物。而事实上，不光绿色，除了鲜血的红色和毛发的金黄色，哺乳动物缺乏所有鲜艳的颜色——相比于其他脊椎动物，这的确有些例外。

脊椎动物界可以说是色彩斑斓，有各种颜色的动物。例如，花斑连鳍，俗称"七彩麒麟"，是广受欢迎的海水水族箱观赏鱼；红犁足蛙，俗称"马达加斯加彩虹蟾蜍"，因为颜色太鲜艳而陷入宠物贸易的深渊，已经濒临灭绝；豹变色龙，俗称"七彩变色龙"，体色通常呈绿色，但在繁殖期间会变成鲜艳的彩虹色；七彩文鸟，俗称"胡锦鸟"，是优派显示器的商标图案，因为宠物贸易，在野外已几乎绝迹；印度巨松鼠，也叫"马拉巴尔巨松鼠"，体色红紫相间，在哺乳动物的色彩鲜艳度上已堪称极致。

为什么没有绿色的哺乳动物？这个问题的答案包括两个方面：一方面与生理结构有关，另一方面与适应性有关。

首先，我们要大致明白动物的鲜艳颜色来自哪里。通常来说，动物身上鲜艳的暖色调几乎都来自类胡萝卜素和蝶酸等色素，它们能吸收较短波长的可见光，表现出红色、橙色和黄色。尤其是类胡萝卜素，它们原本是植物在光合作用中的辅助色素，动物本身缺乏合成它们的能力，但可以通过食物链大量富集。所以，如果用缺乏类胡萝卜素的饲料喂养动物，动物就会褪色。

詹姆斯火烈鸟是动物通过食物链富集类胡萝卜素经典的例子：甲壳动物滤食藻类，将类胡萝卜素转化为虾青素；火烈鸟又滤食甲壳动物，虾青素得以从结合蛋白中分离出来，富集在羽毛中，显出鲜艳的红色。

蓝紫色通常不是色素，而是来自各种各样的光学结构，典型的有鸟类羽毛上细小结构产生的衍射光栅，或者某些细胞里嘌呤结晶产生的光子晶体。

白腹紫椋鸟的羽毛能衍射出强烈的蓝紫色，并与少许类胡萝卜素混合成非常艳丽的紫色。鱼类鲜艳的蓝色与它们表皮细胞内的鸟嘌呤晶体有关，这种蓝色常具有金属光泽。

而绿色有些特殊，仅就脊椎动物来说，它们通常会综合两种显色方案——在体表用色素显出黄色，再用光学结构显出蓝色，二者叠加后就成了绿色，比如青蛙。

华莱士飞蛙是一种运动能力非常强的青蛙，几乎终生不落地，而且能在树冠中滑翔。但它们和所有绿色青蛙一样，都有三层色素细胞，即下层是黑色素细胞，中间是黄色素细胞，最上层是富含鸟嘌呤晶体的虹彩细胞——通过反射和干涉产生明亮的蓝色，三种颜色最终混合成有深浅变化的绿色。

　　在哺乳动物身上，产生绿色的最大难度在光学色的部分上：相比于鳞片、羽毛或者裸露的表皮细胞，哺乳动物的角蛋白毛发虽然非常适合保温，但也缺乏精细的微观结构，表面只有一层粗糙的毛鳞片，很难让可见光发生规律的干涉和衍射，这让其失去了制造蓝色和紫色的能力。

　　但仍有极少数脊椎动物能合成绿色素并积累在体表，比如焦鹃科鸟类。哺乳动物没有开发出类似的代谢途径，甚至不像其他脊椎动物那样可以通过食物链富集类胡萝卜素，连唾手可得的红色和橙色也放弃了——这就涉及适应性的问题。

　　天蓝丛蛙是一种箭毒蛙，它们失去了黄色素细胞，露出鲜艳的蓝色，用来警示鸟类和爬行类捕食者：我有毒。可哺乳动物有所不同。在中生代，哺乳动物共同的祖先经历了一段穴居和夜行的日子，而感受颜色的视锥细胞需要很多光子才能激活，所以控制色觉的基因在黑暗中不再受到强烈的自然选择压力，无法剔除有害的突变。到新生代早期，我们的视锥细胞已经只剩下绿色和蓝色两种，根本看不见鲜艳的红色和橙色。缤纷世界在我们眼中只有深浅不同的黄色和蓝色。因此，哺乳动物不需要为了吸引异性制造鲜艳的婚姻色，甚至不需要鲜艳的警戒色和绿色的伪装色，因为哺乳动物的天敌通常是哺乳动物，猎物通常也是哺乳动物，只需要暗色调就能蒙混过关。

　　当然，这个规律也有例外，比如灵长类动物是一个完全树栖，并以嫩叶和果实为生的热带哺乳动物类群，识别不同状态的植物对其来说非常重要。所以，旧大陆的灵长类动物，以及新大陆的雌性灵长类动物，就分别通过基因重复和等位基因多态获得了红色视觉，建立了三原色——

我们既然能看见红色和绿色，就能进化出一些红色信息和绿色信息。

然而这段进化历史还不够长，尚未出现给毛发染上绿色的门道，只出现了很多裸露的青绿色皮肤，这主要通过血液的瑞利散射和丁达尔效应，叠加一小部分黑色素构成，原理类似于人的青筋，典型例子是山魈的脸。山魈是世界上最大的猴科灵长类动物，因出现在《狮子王》里而闻名，它们雄性头领的鼻翼附近会长出鲜艳的红色、蓝色和青绿色皮肤。另一个典型是非洲的绿猴，雄性绿猴有绿色的阴囊和红色的生殖器，它们喜欢时常摆弄，向雌性炫耀。

最后，平心而论，人类从来没有跳出进化的规律，如果树懒因为身上长满绿藻也被算作绿色的哺乳动物，那么因为文化而变得缤纷的人类当然要在"最鲜艳的动物"里占有一席之地。毫无疑问，人类的婚姻色是动物界最鲜艳的——即便我们比鸽子少看到一两种颜色。

·摘自《读者》（校园版）2019 年第 2 期·

为什么只有警犬，没有警猫

陈思萌

"眼睛瞪得像铜铃，射出闪电般的机灵；耳朵竖得像天线，听着一切可疑的声音……"《黑猫警长》的片头曲陪伴了全国千千万万"80后"的童年。短短5集的故事里，黑猫警长就痛歼搬仓鼠、捉拿食猴鹰、智斗吃猫鼠，成了一代人心中正义和勇敢的化身。

不过，与动画片里不同的是，猫在现实生活中极少担当警察的角色。同样是备受喜爱的宠物，为什么狗已经在警界大显身手，猫却不见踪影呢？

这个问题恐怕困扰了千千万万个小朋友。2016年，英国一个5岁的小女孩Eliza就向警局写信说，警察局也应该有警猫。她认为猫既善于发现潜在的危险，又能够爬树和捕猎，还不会迷路，甚至可以救助人类，所以猫一定也能当个好警察。

警察局局长真的回了信，表示会认真考虑她的建议。我们今天就来解释一下，为什么世界上只有军犬、警犬，却没有军猫、警猫。

一群特立独行的猫

怎样才能当一个好警察？一个基本前提就是得学会服从。所以，能当警察的动物，往往是高度驯化的。

尽管部分国家也曾用过一些特别的动物用于军事目的，如美国海军陆战队特殊训练的宽吻海豚、加利福尼亚海狮等，但从全世界范围来看，被警界认可和大规模应用的动物只有警犬和警用马。

时间的魔法肯定起了重要作用，狗和马已经被人类驯化了数千年甚至上万年，跟人类相处当然比其他野生动物靠谱。

但问题是，"猫主子"进入到人类生活中也不晚，虽然比狗晚，但远早于马。

大约 15000 年以前，一群狼发现人类在狩猎和野营后会留下一些食物的残渣。作为交换，这些狼逐渐成为人类的哨兵和守卫。随着时间流逝，这些狼逐渐变成了早期的狗。

现代考古学家发现，在 9500 年前，塞浦路斯的墓葬中就有人和猫合葬。当时的人们开始种植小麦等农作物，但饱受老鼠等啮齿类动物的骚扰。这些啮齿类动物引来了野猫。为了在捕食啮齿类动物的同时能够得到庇护，野猫也进入了人类的村庄。

而直到 5500 年前，马才开始被哈萨克斯坦地区的人们所驯养，并用于获取奶制品和骑乘。

与狗和马不同的是，尽管与人类一起生活了几十个世纪，猫却并未被完全驯化。

驯化的首要条件是社会化和等级制度。早在远古时期，狗的祖先——狼，就是高度社会化的群居动物，不管捕猎还是迁徙都是集体行动。狼群往往以血缘为纽带，形成稳定的社会结构和等级制度。头狼负责教育、引导和保护狼群的其他成员。

而马更是纯粹的社会化动物，数千年来，野马通过群居来相互交流和抵御外敌。为保持群体的稳定性，马群内部存在严格的等级制度，进食和享受其他资源的顺序都由等级决定。

利用狗和马的社会性，人类使得它们把人视为群体内的领导者，服从人的命令，从而实现对它们的驯化。

猫的社会结构则完全不同，你在了解每一只个体之前，无法确定它处于哪种社会结构之中。它们的社会结构取决于各自不同的生活方式，若无繁衍或养育小奶猫的需要，猫可能会离群独居。但它们也可能会组成小团体，甚至可能会生活在很大的群体中。

猫群的构成与食物多寡、性别比例以及它们各自的个性都有关系。在这种高度不确定的社会结构中，等级制度也就无从谈起。因此，它们也难以听从同类或人类的命令。

猫只是碰巧成了宠物

从饮食结构来看，猫原本也是没有机会成为家养宠物的。

与所有猫科动物一样，野猫是天生的食肉动物，它们有发达的犬齿和短消化道，代谢能力有限，只能消化蛋白质，因而野猫几乎不吃植物。

此外，它们还需要不断补充牛磺酸来维持身体健康，饮食中缺乏牛磺酸会导致猫的视网膜出现问题，甚至失明。如果没有牛磺酸，猫的心脏机能也会受到很大的影响。而牛磺酸的主要来源正是肉类。

但是，古代人类长期处于食物短缺的状态，当时的人驯化动物往往只考虑其实用性。以中东为例，农业革命时驯化的动物包括牛、绵羊、山羊、鸡等，主要是为了获取肉和牛奶。

纯粹食肉的猫和同样急需蛋白质的古代人类显然存在利益上的冲突。人类不可能会主动在农业社会初期选择猫作为家庭宠物。

最靠谱的推论是，农业社会初期的人虽然容忍了猫接近他们的生活，从而使得野猫变成了家猫，但并没有驯化它们。因此，狗和马等动物融入人类社会并适应被人类领导，在很大程度上是人工选择的结果，但最初家猫的出现完全是自然选择的产物。

中国也有相应的资料印证。《诗经·大雅·韩奕》中记载，"有熊有罴，有猫有虎"，把猫、熊、虎并称，说明当时的猫仅仅只是野猫，尚未被驯化。

其他迹象也表明了驯化程度的差异。自从接近人类社会，狗的交配权就完全被人类控制。人类通过持续的选育干预，使狗不断地向人类所期望的特性发展。

目前被狗类繁育协会认可的狗狗品种已经超过400种，既包括泰迪等宠物犬，也包括马里诺犬等广受欢迎的警犬，狗狗们的体型、外形、能力已经产生了很大的差异。

相比之下，猫被人有意识的选择性繁育的时间甚至不到200年。今天生活着的10亿只家猫中，超过97%都是随机繁殖的，我们所说的一些纯种猫，有些是最近几十年才开始繁殖培育的，大多数猫的体型和特性差异并不大。

除了驯化程度低，"猫主子"们文能卖萌混吃混喝，武能捕猎自食其力。虽然身怀捕猎绝技，但它们执行任务只是率性而为。

　　牛津大学的动物学家做了一个实验，结果发现猫对我们想象中的它的本职工作——捕鼠的积极性都不大高，只有在限定区域内投入大量的猫，才可能杜绝鼠患，而且还得时不时以牛奶作为奖励，"猫主子"才有动力捕鼠。

　　能自己动手丰衣足食的猫，干什么都这么随性，当然也就没办法指望它为警察叔叔们鞠躬尽瘁了。

猫的能力并不适合当警察

　　除此之外，猫本身的能力也让它们不能胜任警察的职责。

　　作为警察的帮手，狗和马被相中的能力主要是搜查和骑乘。骑乘方面猫肯定不行了，而且在搜毒、搜爆、搜救方面，猫似乎也没那么厉害。

　　对动物来说，搜索能力主要依靠的是嗅觉，猫的嗅觉虽然远胜于人类，但还是比不上狗。

　　家猫的嗅觉要比人类强 14 倍，但狗的嗅觉则比人类强 1000 倍。这还不算狗中嗅觉最灵敏的，嗅猎犬种的嗅觉比人类强 100 万倍到 1000 万倍。寻血猎犬的嗅觉甚至能比人类高出 1000 万到 1 亿倍。相比之下，猫当然算不上最佳帮手。

　　当然，也并非绝对如此。美食之下，必有勇夫，喵星人中也有特例。2002 年，俄罗斯斯塔夫罗波尔的一个检查站收养了一只名叫 Rusik 的猫，主要搜查被私运的鲟鱼和鱼子酱。

　　由于能力出众，它很快就取代了其他警犬。但 Rusik 这样的猫毕竟可遇不可求，它搜查的内容也十分特殊，对立志加入警察行列的猫来说，并没有普遍的参考价值。

　　国外也有军事机构希望利用猫体型小、行动隐蔽的特点协助他们执行任务，不过并不是作为警察和执法者，而是作为间谍。

美国中央情报局（CIA）在 20 世纪 60 年代曾经启动过一个名为"听觉 Kitty"的项目，计划通过训练间谍猫来监控克里姆林宫和苏联的大使馆。通过手术，兽医在这些猫的耳道中植入了麦克风，在其颅骨底部植入小型的无线发射器，中央情报局可以通过这些猫悄无声息地记录周遭的一些声音。

这项耗费 1600 万美金的项目在 1967 年被终止，随后项目宣告失败。2001 年，中央情报局在解密备忘录中总结道，他们坚信能够训练猫咪们进行短距离的行动，但鉴于种种因素，"对（情报）目的来说，它是不实用的。"

不过，堵死了当警察的这条路，爱猫人士们也不用太难过。回到开头，英国的警局就表示，经过一番认真的考虑，他们决定招募英国第一只警猫。

不过，他们也没想好该让这只警猫负责什么工作，如果没事可做，警局可能会将这只猫当作吉祥物供起来。

也许是受到了 Eilza 的启发，位于美国密歇根州的特洛伊市也招募了一只名为甜甜圈的小警猫，它唯一的任务就是为其他警员带来快乐。

看来，警猫的"正确打开方式"终于被找到了。在这个"颜值即正义"的世界，萌就足够了。毕竟，生而为猫，就可以卖萌为生。

· 摘自《读者》（校园版）2019 年第 4 期 ·

原来它们也会 "飞"

丁悦淇

会 "飞" 的猴子

鼯猴是世界上最大的滑翔类哺乳动物。它有一张巨大而轻薄的滑翔膜，其表面积与身体大小的比例是所有滑翔类哺乳动物中最大的，从颈部两侧经过前肢和后肢一直延续至尾部。

滑翔前，鼯猴倒挂在枝头，松开爪子后开始下降，在下降的过程中打开滑翔膜，通过移动腕关节或者调整翼膜的松紧度来改变方向。鼯猴的滑行一次可超过 100 米，再配合非凡的视力，它能快速、准确地到达目的地。

会"飞"的鱼

飞鱼的长相奇特，身体近似圆筒形，有异常发达的胸鳍，长度占了身体的2/3，一直延伸到尾部。起飞前，飞鱼将鳍紧贴着身体，在水下全力加速，速度能达到10米/秒。冲破水面时，它会立刻打开胸鳍，还没出水的尾巴剧烈摆动，划出一条锯齿形的水痕，使身体获得持续的推力，这一切都发生在几秒钟之内。当力量足够时，尾部完全出水，飞鱼便像离弦之箭一样破水而出。在整个飞行过程中，飞鱼并没有扇动自己的胸鳍，而是借助风力在空中进行短暂的滑翔。

飞鱼可以腾空十几米，滑翔速度可达16千米/时。飞鱼在空中最长的停留纪录是45秒，最远的滑翔纪录是400米。

飞鱼并不轻易跃出水面，只有在遭到敌害攻击或受到惊吓时，才会施展这种本领。当然，再厉害的本领也有缺点，飞鱼这种特殊的"自卫"方法虽然能逃脱水下天敌的袭击，但也常常成为海鸟的美食，如军舰鸟。它们还可能因落在陆地上或撞在礁石上而丧命。

会"飞"的老鼠

鼯鼠生活在森林中，它的身体非常轻盈，前肢与后肢之间有宽而多毛的翼膜。遇敌时，鼯鼠会张开四肢，展开翼膜，把身体变成风筝或降落伞的模样，借助风力迅速逃脱。即便不能平地起飞，这项技能也足以让鼯鼠逃离危险。

鼯鼠的最远滑翔纪录是50米。

会"飞"的壁虎

飞行壁虎生活在马来西亚的雨林中，体形比一般壁虎小。它的颈部、四肢、躯干和尾巴上都覆盖着翼膜。当飞行壁虎从高处下落时，会张开所有翼膜，增大与空气的接触面积，尾巴用于控制下落时身体的平衡，这样它就可以像滑翔机一样短途滑行，最终安全到达目的地。

飞行壁虎的最远滑翔纪录是 60 米。

会"飞"的蛇

比起其他能飞的动物，飞蛇在身体上非常吃亏，因为它连四肢都没有，更别说翅膀了，但它仍然能"飞"。飞蛇通常会用尾巴将自己挂在高高的树枝上前后摇晃，然后突然从 10 多米高的半空"飞"下来。在空中的飞蛇会扭动自己的身体形成一个"S"形平面，从而获得更大的空气阻力，其上下摇动的尾巴主要用于保持身体平衡。

飞蛇的滑行速度很快，可达 10 米 / 秒，滑翔的最长距离是 150 米。

会"飞"的青蛙

图瓦飞蛙的脚趾和四肢之间长着宽大的蹼。起飞之前，树梢上的图瓦飞蛙会先用它强有力的大腿奋力一蹬，获得较大的初速度，然后张开脚蹼，滑行而下。通常，图瓦飞蛙的"飞行"距离在 10 米左右。

·摘自《读者》（校园版）2019 年第 6 期·

微距镜头下的童话世界

王柏玲

  一台相机，一个微距镜头，俯下身，敞开心，捕捉大自然里小生灵的动人瞬间，袁明辉用短短3年时间拿下美国国家野生生物摄影大赛冠军、英国国际花园摄影年赛冠军、美国最佳自然摄影奖和英国野生生物摄影年赛冠军，成为国内首个完成全球自然摄影界四大赛事"大满贯"的摄影师。同时，他也是历史上15个顶尖国际专业类自然摄影赛事获奖者中的第一位中国摄影师。这份成绩单的背后，是他十几年的坚持和对自然的那颗敬畏之心。

  在袁明辉眼里，不管多小的生命都是有尊严的。拍摄动物时，他会注意不去惊扰"朋友"，因为只有在感到安全的时候，它们才会放松，这时的姿态才是最美的，也最能体现自然的灵动和趣味。而在拍摄植物时，他会把花卉看成害羞的姑娘，把树枝看成战斗的勇士，运用现场光影和巧妙构图，表现植物的个性。

在野外拍摄昆虫，条件异常艰苦，需要长时间的观察。为了拍蜻蜓交尾，袁明辉连续3年赴大别山蹲守。最后那次他在河水里一动不动泡了两个多小时，终于成功抓拍到令他心动的瞬间——两只蜻蜓刚好构成一个心形。蜻蜓交尾通常只有短短十几秒，而他拍摄这张照片用了3年的时间。

袁明辉并不精通后期制作，他的作品画面背景大多简单、纯粹，目的是强化生命本身，展现自然最真实的美。他常常会在作品里融入情感和想象，把从水中树叶里钻出来的青蛙想象成戴着领结的青蛙王子，把豆荚里的种子看作一排树林……他第一次用微距镜头拍摄的是一棵从石头缝里长出来的蒲公英，袁明辉觉得自己跟它的境遇很像："脚下的土地虽小，但只要有一点立足之地，生命就要绽放。"

《捉迷藏》：这是袁明辉第一张拿到国际奖项的作品。一只蝗虫正从叶子上的小洞里露出脑袋，画面生动有趣。这个小生命是他在武汉东湖边一条种着美人蕉的偏僻小路上发现的。袁明辉经过时看到有东西闪过，从叶子侧面，他看到一只蝗虫躲藏在那里。他调好光圈，半跪在地上静静等候，十来分钟后，那个小家伙果然出现了。这一瞬间，他感觉蝗虫好像在与他捉迷藏。

《青蛙王子的领结》：袁明辉第一眼看到这只青蛙时，视线是从上往下的，画面并不美。袁明辉转头离开，但走了十几米后，他突然意识到，这只青蛙处于一个特定位置，从平视的角度看或许会有新发现。他折返回来趴在地上，用长焦微距镜头来拍摄青蛙的眼睛，此时他惊喜地发现，露出水面的睡莲叶像衬衫的衣领，青蛙的脑袋从"领口"处钻出，"衣领"经过光的反射后形成的倒影像极了一个端端正正的领结。

《中国画》：拍摄昆虫需要足够的耐心。拍摄这张蜻蜓照片，可以说是袁明辉观察时间最长的一次。盛夏时节,他穿着防水服，站在大别山的溪水里，太阳很大，溪水很凉，这真是一种很奇特的体验。他拍到一只停在草叶上的蜻蜓，线条很美，于是用黑白片呈现出来，很有齐白石作品的感觉，他给这张照片取名为《中国画》。

《蜻蜓秀爱心》：这张照片，在荷兰自然会谈国际摄影大赛和西班牙国际山地与自然摄影大赛上拿到了"高度赞扬奖"。袁明辉在太阳快落山时，拍到一只蜻蜓停在一片卷曲的荷叶上面，阳光给蜻蜓披上了一层金纱。

《兄弟连》：一群蝽宝宝出生后在卵壳旁聚集，等待最后一个未出壳的兄弟。袁明辉慢慢发现，那些微小、不起眼、不受关注的生灵，跟人类一样，也有喜怒哀乐。我们只有用心去看，才能感受到它们的浓浓爱意。

《自然的和声》：这张作品横扫英、美、德、意各大顶级自然摄影赛事，还被英国自然博物馆永久收藏。这是袁明辉雨天时在树林里拍摄的。盘绕弯曲的野葡萄藤像五线谱上的高音谱号，阳光、水和空气这3种自然元素结合在一起，让人仿佛听到了大自然的美妙和声。

我们之前可能认识了假动物

晴空飞燕

虽然在不同的文化背景下，人们对动物的认知有差别。但几乎每个人都有一些和动物有关的刻板印象，不过有些刻板印象是没有根据的。

考拉喜欢被抱着吗

考拉有大而蓬松的耳朵、毛茸茸的身体，看起来永远是一副困倦的模样。有了这些特征，我们也就不难理解，为什么考拉会给人留下"喜欢被抱抱"的印象了。

对于不太了解考拉的人来说，需要科普的是，考拉的皮毛虽然看起来柔软蓬松，但实际上又厚又粗。皮毛的质地更像羊毛而不是猫毛。考拉的皮毛有防雨的功能，能保护它们免受极端高温和低温的影响。考拉非常适合在树上度过一生。它们的前肢和后肢都肌肉发达、强壮结实，为了抓住树皮并修饰粗糙的皮毛，它们的四肢上都长有修长而锋利的爪子。

虽然考拉本身不具有攻击性，但如果受到威胁，考拉就会用爪子和牙齿来保护自己。而让考拉感觉自己受到威胁的方式，就是把它们抱起来。所以除非你的皮肤比树皮坚韧，否则最好还是让那些训练有素的专业人士来抱考拉吧！

蝙蝠喜欢袭击你的头发吗

蝙蝠实际上很可爱，它们为各种果树授粉，并能在一夜之间消灭成千上万只叮咬人类、传播疾病、毁坏作物的昆虫。虽然蝙蝠在大众心目中形象不佳，但你完全不用担心它们会"眷恋"你的秀发。

根据世界蝙蝠保护组织的推测，任何靠近你头部的蝙蝠实际上是直接冲向了正盘旋在你头部上方的蚊子，而不是你的头发。

树懒很懒吗

树懒生活在热带地区的树梢上，树木为树懒提供了完美的全身性绿色伪装。树懒的主要天敌之一是角雕，它们力量迅猛、行动敏捷，可以从空中袭击树懒。树懒没有机会逃脱角雕或像猎豹这样的大型丛林猫科动物的魔爪，只能依靠伪装或保持完全静止的状态使自己不被看见。

与人们普遍的看法相反，野生树懒每天只睡大约 9.6 小时。当它们一动不动地坐在树上时，它们的肠胃会缓慢而仔细地消化最近摄入的食物。有时树懒需要长达 50 天的时间从主要由树叶组成的饮食中提取可获得的营养素。

所以说，树懒并不是自己想偷懒，而是为了活命啊！

猫头鹰非常睿智吗

在西方文化中，猫头鹰是智慧和知识的代名词。你经常会在儿童故事中看到它们，此外猫头鹰还经常被当作大学的吉祥物。戴着帽子、长袍加身的猫头鹰常常出现在毕业卡片上，这可能是因为它们眼睛大，表情严肃，还有夜视能力。

但猫头鹰真的很聪明吗？事实并非如此。猫头鹰的夜行习惯和迅速而无声的飞行能力使它们看起来很神秘，它们当然适合在光线昏暗的情况下捕猎小型动物，但是，当涉及智力测试时，情况就发生了变化。猫头鹰的大脑非常小，这与它们的体型成比例。但与训练乌鸦、老鹰、鹦鹉或鸽子相比，猫头鹰更难训练。事实上，大多数猫头鹰无法通过训练完成简单的任务。

猫很高冷吗

"你喜欢猫还是喜欢狗？"我们都曾听过类似的问题。我们的刻板印象是，猫很高冷，很独立；狗却善于社交、十分忠诚，而且精力充沛。但如果你养过猫，你就会知道和人类一样，猫咪的个性可能有着很大的个体差异。

根据猫咪行为咨询网站的说法，猫不是高冷，它们只是很专注。如果它们在人类试图交谈时没有立即回应，可能只是因为它们正在全神贯注地寻找潜在的猎物，比如，你在毯子上面动来动去的脚也会被猫咪看作猎物。

2013 年的一项研究表明，即使主人不在猫的视线范围内，猫也会将头部和耳朵移向声音来源以回应主人。猫能够区分主人和不熟悉的人，而不是对人类漠不关心。当然，也有客人一来就躲在床下的猫咪，这并不令人惊讶。有些猫咪会在客人离开后立刻从藏身之处钻出来，跳进熟悉的环境中，并且寻求主人的爱抚。

狗是忠诚的吗

我们曾频频从视频里看到这样的场景：狗拒绝离开主人的墓地；当主人从战场荣归故里的时候，狗总是会大老远地跑来迎接。我们可能会因为这样的事情感动落泪，但是，是不是所有的狗都当得起"人类最好的朋友"这个美誉呢？

作家斯蒂芬·布迪安斯基在他的著作《狗的真相》一书中以调侃的语气写道："我们被狗蒙蔽了。它们通过假装忠诚和奉献，以图在我们的壁炉边、床上及餐桌上获得一席之地。"通过这种手段，狗希望在自己做出怪异和有破坏性行为的时候，主人会对其许可和纵容。

2013年，匈牙利研究人员发现，狗对机器人的反应与它们对人的反应相同。事实上，如果让机器人用程序化的声音叫出狗的名字，伸出戴手套的手让狗嗅闻，并指导狗向隐藏着的食物走去，而与此同时，人类却无法提供任何奖励的话，狗会更加偏爱机器人，在机器人身边停留更久，还会凝视机器人的头部。

企鹅粪便比你想象中更重要

吴长锋

长期以来，研究南极的生物学家一直将研究重点放在了解生物体如何应对南极的严重干旱和寒冷等恶劣条件上。有一件事却一直被忽略，那就是企鹅和海豹富含氮的粪便所能发挥的作用。

营养丰富的企鹅粪便

若是身在南极，你一定会感到崩溃——企鹅粪便的气味实在太重了。

企鹅的主要食物是南极磷虾，这是一种生活在纯净南极的小型海洋甲壳类动物，身材短小、营养丰富，被称为"蓝血贵族"。南极磷虾是目前已发现的蛋白质含量最高的生物，其体内蛋白质含量高达50%以上，一只南极磷虾（0.5克）所含的蛋白质相当于5克牛肉的蛋白质含量。

在南极磷虾吃多了的情况下，企鹅的排泄物就变成粉色的。正是磷虾身上的天然色素——虾青素，染红了企鹅的粪便。于是，又腥又臭的企鹅屎味儿，几乎让每个踏上南极的人永生难忘。

10多年前，中国科技大学的孙立广教授独创了"企鹅考古法"，开拓了"全新世南极无冰区生态地质学"这一新的研究领域。"磷虾体内氟含量极高，企鹅作为载体将海洋食物中的元素转移到粪便中，进而进入沉积土层中。"

滋润着贫瘠的南极大陆

谈到粪便，万变不离其宗的便是其作为"肥料"的用途。而企鹅的粪便其实也滋养了整个贫瘠的南极大陆，养活了许多小动物。有了这些粪便，南极生物才能呈现出现在的多样性与活力。只是在过去，科学家一直忽视了企鹅粪便的力量。最近一项研究发现，企鹅粪便对生物多样性的影响范围可达1000米。越靠近企鹅栖息地的区域，整条食物链就越充满活力。

企鹅是南极的头号营养师，其粪便真是"又臭又有用"。企鹅粪便蕴含着碳、氮和磷等各种丰富的养分。

其中，受益最大的是土壤。企鹅粪便部分蒸发成了氨，然后被空气带进土壤中。这便为初级生产者提供了足够的氮。据研究人员统计，南极每平方米土壤中有数百万只无脊椎动物。这里的物种丰富度，相当于其他区域的8倍。

南极的特殊植物苔藓的求生策略，与别的生物有所不同。有学者研究发现，在南极洲的东部地区，生长着一片特殊的苔藓。由于这一片区域土地的物质基本上都是沙子与砾石，此处苔藓必须从其他地方通过其他途径获得稳定的营养资源，这对于苔藓来说，是一个巨大的挑战。

　　研究表明，南极苔藓的化学成分氮含量远远超过海藻、南极虾体内的水平，进一步研究发现，此类氮元素与企鹅粪便中的氮元素完全一样，也就是说，这里的苔藓几千年来都是依靠企鹅的粪便来维持生计的。

　　这些企鹅排泄物支撑着南极地区繁荣的苔藓和地衣群落，进而使许多微小的动物如春尾和螨存活下来，从而维持大量微生物的存在，创造了南极的生态环境，对南极洲的生态平衡发挥着极其重要的作用。

·摘自《读者》（校园版）2019 年第 16 期·

关于蚂蚁你不知道的几件事

秋菊　译　琳达　编

1. 在地球上，除了南北两极和终年积雪不化的山峰，陆地上几乎到处都有蚂蚁的足迹。蚂蚁是一种昆虫，属于节肢动物门，并且种类繁多，世界上已知有超过一万多种。

2. 大多数蚂蚁生活在等级森严的群体中。蚁群里一般有蚁后、雄蚁、工蚁和兵蚁几个等级。蚁后又称蚁王，在群体中体型最大，其腹部尤其大，生殖器官发达，触角短，胸足小，有翅、脱翅或无翅。蚁后的主要职责是产卵、繁殖后代和统管这个大家庭。

3. 雄蚁也称父蚁，主要职责是与蚁后交配。工蚁是不发育的雌性，一般为群体中个头最小者，但数量是最多的。工蚁的主要职责是建造和扩大巢穴、采集食物、饲喂幼虫及蚁后等。兵蚁是对某些蚂蚁种类中大工蚁的俗称，是没有生殖能力的雌蚁。蚁后可以活到30岁，相比之下，工蚁只活一年左右。

4. 蚂蚁有时被认为是害虫，但它们是一个重要的清理团队，在处理垃圾方面扮演着非常重要的角色。据 2014 年对纽约市街道进行的研究估计，每年节肢动物在 150 个街区的道路中所消耗的食物残渣，相当于 6 万只热狗。如果这些残渣不被吃掉，它们就会吸引并且滋养很多老鼠。

5. 南美切叶蚁颚部力量惊人，能够咬断与它们体型相比巨大的树叶。树叶重量可达到其体重的 50 倍，相当于一个人举起 2.5 吨重的物体。

6. 蚂蚁毒液中的甲酸不仅会给你带来叮咬的刺痛，还具有天然的抗菌作用。人类把甲酸放在洗衣液和洗手液中，而木蚂蚁将它与树脂混合制成蚁巢的卫生油漆。

7. 维持一个整洁的蚁巢需要做大量的工作，大约有 60 种蚂蚁"奴役"其他种类的蚂蚁，让它们听从自己的命令——通常是偷取幼蚁，并把它们当作自己的工蚁来饲养。但有时奴蚁会反抗，攻击它们的主人，试图交配和产卵，甚至会为了自由而逃跑。

8. "吸血鬼蚂蚁"是世界各地都有的一种蚂蚁，它们喝自己幼虫的血淋巴（本质上是蚂蚁的血），但不会杀死幼虫。其中西氏点猛蚁的蚁后，似乎只能以幼虫的血液或血液淋巴为食才能存活。

9. 如果你曾经扼杀了北美家庭常见的一种入侵者"臭蚁"，那么你的鼻子一定不会好受。当被碾平时，臭蚁会释放出一种化学物质，这种化学物质来自蓝纹奶酪的甲基酮家族，赋予蓝纹奶酪独特的气味。

10. 巴西的开冈部落族人相信，他们祖先的灵魂会以这些不起眼的节肢动物的形式继续另一种生活。谈到祖先，在法国夏朗德发现的一块一亿年前的琥珀中，有迄今为止发现的最古老的蚂蚁化石。

11. 蚂蚁并不总是行军。居住在树上的梅利索塔尔苏斯蚂蚁不能在平坦的地面上行走。这种分布广泛但又难以捉摸的非洲蚂蚁进化出了一对中间的腿，它们是向上而不是向下伸出——这对于平坦的地面行走来说很不方便，但对于它们为巢穴挖掘隧道而言很完美。梅利索塔尔苏斯工蚁是唯一一会吐丝的蚂蚁，它们用吐的丝来封住隧道。

12. 陷阱颚蚁堪称杂技演员，除了向前跳跃，还可以通过将弹簧般的下颚在坚硬的物体表面上快速合上，来推动自己向后弹射，跃过超过自身长度100倍的距离。

13. 据不完全统计，与蚂蚁紧密共生的动物总共有两三千种，这些动物被称为喜蚁动物。它们出于不同的目的和蚂蚁共生，有的是为了取食或自身安全，还有的是为了把自己的后代托付给蚂蚁。

14. 例如蚜虫，植物的营养液在蚜虫体内酶的催化下能形成"蜜露"，蚂蚁非常喜欢取食"蜜露"，这使得蚜虫和蚂蚁可以共生。蚜虫向蚂蚁提供"蜜露"，蚂蚁则精心地照看蚜虫虫卵，并负责蚜虫的安全保卫工作。

15. 蚂蚁绝对是建筑专家，蚁穴内有许多分室，这些分室各有用处，其中蚁后的分室最大。沙漠中有一种蚂蚁，建的窝远看就像一座城堡，有4.5米之高。那些窝被废弃之后，就会被另一些动物拿来当自己的窝。

16. 研究人员记录了阿根廷蚂蚁在世界各地建立超级殖民地的情况。研究显示，约在1920年，阿根廷蚂蚁意外流入欧洲，可能是随植物被船运到的。一般而言，不同巢穴之间的蚂蚁会进行斗争。不过，研究员断定，在这些巨大的、相互连接的巢穴中，蚂蚁是合作的，而不会与其他蚁群竞争。

17. 迄今为止发现的最大的超级蚂蚁集群的长度，大约有4000多千米。它们首先沿着大西洋海岸扩张，然后是向地中海，从西班牙西北部到意大利北部。研究人员估计，这个超级蚁群拥有数千万只蚁后，工蚁则有数十亿只。这样的社交方式听起来很值得我们去学习。

·摘自《读者》(校园版)2019年第17期·

为什么绝大多数动物都不会攻击人

龙 牙

我喜欢找大大小小各种各样的野生动物玩耍，但我很少干扰它们的生活，既不威胁它们也不帮助它们，甚至极少与它们的距离小于 50 米。那些貌似在距离很近的地方拍的照片，实际上离得很远，是用长焦相机拍的。

有时候为了拍到好照片，我甚至会躲在草丛里趴半天，然后考虑要不要捡起我狙击手的老本行，搞一套靠谱一点的吉列服。

在我有限的与野生动物直接接触的经历中，确实发现绝大多数的动物见到人类的第一反应是逃跑，它们根本就没有要跟你对抗的意思。小到比你拳头还要小的高原鼠兔、雪雀，大到熊、狼，都表现得很突出。

实际上，最不怕人的是鸟类。在拉萨河谷拍鸟的过程中，在不采取任何隐蔽措施的情况下，鸟类跟你保持 50 米以上的安全距离时，完全不怕你，只有在小于 50 米的距离时，才会一窝蜂地拍拍翅膀飞走。

在所有不会飞的动物里面，最不怕人的是啥呢？是猛兽还是大型食草动物？都不是，是有洞穴可以躲藏的动物。

就是那种小鼠兔，一种总是在"叽"的一声惨叫之后沦为别的食肉动物的小点心的动物，最不怕人。其次是旱獭、藏狐这些家伙，只要它们在自己的洞穴附近，随便你"作妖"，实在太近时，它们才会一头扎进自己的洞里，打死也不出来。

"胆小如鼠"这个词是不对的，这种有洞穴的小家伙，是很大胆的，这就叫"有恃无恐"。

然后才轮到食肉动物。

在人类印象中凶残狡猾的狼，实际上很怕人。只要面前出现两个以上的人，不管它们是成群结队还是形单影只，第一反应都是躲避，有多远躲多远。它们更不可能主动攻击人类，最多是保持警惕，一边观察你的动静，一边该干吗干吗。

野生的熊也是这么个态度。熊非常聪明，智商高得可怕，并不是"暴躁老哥"的形象。它们一般会对你保持警惕，然后适时地通过咆哮、动作来提醒你不要进入它们的领地。如果它们开始咆哮了，你要一步三回头地离开，沿着自己来的路退回去。

西藏没有大型猫科动物，雪豹我也没碰到过，所以不做讨论。

冷血动物，包括蛇、蜥蜴，它们胆子小得可怜，一不小心面前突然出现个大型食肉动物，直接被吓死都是可能的。西藏也有蛇，温泉蛇，我不止一次碰到过，却一次也没拍到过，就是因为它们逃得太快了。

最胆小的是各种食草动物，包括牛科、马科的广大食草动物们。

它们才是真正的"胆小如鼠",一有点风吹草动,撒腿就跑,一边跑一边还回头观察你。它们并不是单纯地跑,而是跑一段就停下来吃草,并警惕地看着你。这是它们的逃跑策略,食草动物的耐力都不是特别好,它们逃命依靠的是爆发力,所以一有机会就会立刻休息。捕猎它们的策略是靠耐力,一般都是把它们给活活累趴下。

被食草动物袭击是一件非常难的事情,除非你攻击它们的幼崽。像西藏的野生牦牛,总是被传得很神奇,跟西藏别的东西一样。即使是发情期的公牦牛,遇到人也是以逃跑为主。除非你已经把它逼到了忍无可忍的地步,否则它不可能主动来攻击人。野生牦牛袭击汽车,那只是个传说,即使发生过,也极其罕见。

当然了,所有动物里面,最不怕人的,能够碾压别的动物一个维度的,还是有过跟人类共同生活经历的动物,比如说野化的狗。

经过人类饲养又野化的狗,甚至会主动找人索要帮助,比如说跑到人类聚居区要吃的,会直接给你卖萌,一点都不含糊。

当然,对于陌生人,唯一会主动发起攻击的动物,至少在西藏看,也只有野狗。

剩下的都是看到人类就赶紧逃跑的。

动物要想对另一个物种形成普遍印象,至少需要上万年的时间。近几百年来,工业革命才刚刚培育出我们这些"弱鸡"。动物们还来不及意识到,曾经那个让它们闻风丧胆的物种已经只会玩手机、打游戏了。

如果你偶尔去野外,看见动物们撒腿就跑,请记住,这是祖先的荣耀。

大自然一直是自然的,不自然的是我们。

·摘自《读者》(校园版)2019 年第 18 期·

蜘蛛的智慧

【英】奥利弗·哥尔斯密

黄绍鑫　译

　　在我观察过的独居昆虫中，蜘蛛最聪明。它的动作，就是对曾经专心研究过它的我来说，也是难以置信的。这种昆虫的形体，天生就是为了战斗，它不仅会和其他昆虫搏斗，还要和同类相斗。大自然似乎就是为了这种生活状态而设计了它的形体。

　　它的头和胸覆以天然的坚硬甲胄，其他昆虫很难将其刺破。它的身躯裹着柔韧的皮甲，可以抵挡黄蜂的蜇刺。它的腿部末端强壮，与龙爪类似，并且脚爪之长简直像矛一般，足以对付远处的进攻者。

　　蜘蛛的几只眼睛，宽大透明，遮着某些有刺物质，但这并不妨碍它的视线。这种良好的装备，不仅是为了观察，还为了防御敌人的袭击。

此外，它的嘴巴上还装备了一把钳子——这是用来杀死在它爪下或网里的捕获物。

凡此种种，都是装备在蜘蛛身上的战斗武器，而它主要的武器就是它编织的网，因此，它总是要竭尽全力，把丝网织得尽善尽美。天然的生理机能还赋予这种动物一种胶质液体，使之能拉出粗细均匀的丝。

当蜘蛛开始织网时，为了固定其一端，会首先对着墙壁吐出一滴液汁，慢慢硬化的丝线就牢固地粘在墙上了。然后，蜘蛛往回爬，将这根线越拉越长；当它爬到线的另一端应该固定的地方，就会用爪把线聚拢起来以使线绷紧，然后像刚才一样固定在墙壁的另一端。它就这样牵扯着丝，固定几根相互平行的丝，这样就准备好了意想中的网的经线。为了做成纬线，它又如法炮制出一根来，一端横黏在织成的第一根线（这是整张网中最牢固的一根）上，另一端则固定在墙壁上。所有这些丝线都有黏性，只要一接触某样东西就可以粘住；这个网上容易被毁损的部分，我们的织网艺术家懂得织出双线加以固定，有时甚至织出 6 倍粗的丝线来提高网的强度。

3 天以后，这个网就完成了。我不禁想到这只昆虫在新居过活，一定欢乐无比。它在周围往返地横行着，仔细检查蛛网每一部分的承受力，然后，才隐藏在它的洞里，不时地出来探视动静。不料，它碰到的第一个敌手，竟是另外一只更大的蜘蛛。这个敌手没有自己的网，可能它已经耗尽了积蓄下来的汗液，因而现在不得不跑来侵犯它的邻居。

于是，一场可怕的遭遇战立刻由此展开。在这场拼搏中，那个侵略者似乎占了体型的上风，这只辛勤的蜘蛛被迫退避下去。我观察到那个胜利者采取一切战术引诱它的对手从坚固的堡垒中爬出来。它假装休战而去，又突然转身回来，当它发现计穷智竭以后，便毫不怜惜地毁坏了这个新网。这又引发了新一轮战斗。并且，与我的预判相反，这只辛勤的蜘蛛最终反败为胜成了征服者，并杀死了它的对手。

在被侵略者占领时，它以极强的忍耐力等了 3 天，又几度修补了蛛网破损的地方，却没有吃什么我能观察到的食物。但是，终于有一天，一只蓝色苍蝇落到它的陷阱里，挣扎着想飞走。蜘蛛尽可能地让苍蝇被蛛丝上的胶粘住，可是蜘蛛最终是怎样缚住这只强有力的苍蝇的呢？我必须承认，当我看见那只蜘蛛立即冲上前，不到一分钟就织成了包围苍蝇的罗网时，我真有点儿诧异。一会儿的工夫，苍蝇的双翅就停止了扇动；当苍蝇完全困乏时，蜘蛛立即上前将它擒住，拉入洞中。

我发现，蜘蛛是在一种并不安全的环境中生活的，但大自然对这样的一种生活好像做了适当的安排：因为一只苍蝇就够维持蜘蛛的生命达一周之久。有一次，我把一只黄蜂放进蛛网中，但当蜘蛛照常前来捕食时，先是观察了一下来的是个什么样的敌人，根据量力而行的原则，它最终放走了这样一个它认为太过强大的敌手。当黄蜂得到自由后，我多么希望那个蜘蛛能抓紧修理一下蛛网被破坏的部分；可是，它似乎认定网已无法修补了，便毅然抛弃这个旧网，又着手去织一个新网。

我很想看看一只蜘蛛单独靠自己的储备能够织成多少个丝网。因此，我破坏了它织成的一个又一个的新网，那蜘蛛也织了一个又一个的网。当它的整个储存消耗殆尽，果然不能再织网了。它赖以维持生存的这种技艺（尽管它的生命已被耗尽），确实令人惊异无比。我看见蜘蛛让它的腿像球一样旋动，静静地躺上几小时，一直小心翼翼地注视着外界的动静。当一只苍蝇碰巧爬得够近时，它就忽然冲出洞穴，攫住它的俘获物。

但是，它不久就厌倦了这种生活，并决心去侵占别的蜘蛛的领地，因为它已不能再织造自己的网了。于是，它奋起向邻近蛛网发动进攻，最初一般都会受到有力的反击，但是，一次败绩并不能挫其锐气，它继续向其他蛛网进攻，有时长达3年之久。最后，消灭了守护者，它便取主人而代之。

我现在描述的这只蜘蛛已经活了3年，每年，它都要更换皮甲，生长新腿。有时，我拔去它的一只腿，两三天内，它又重新长出腿来。起先它还惊惧于我挨近它的网，但是后来，它变得和我非常亲密，甚至敢从我的手掌中抓去一只苍蝇。但当我触碰它的蛛网的任何部位时，它就会马上出洞，准备防卫和向我发起进攻。

为了描绘得完善一点儿，我还要告诉诸位，雄蜘蛛比雌蜘蛛小得多。当雌蜘蛛产卵时，它们就得把网在蛋下铺开一部分，仔细地把蛋卷起来，宛如我们用布卷起什么东西。遇到侵扰，它们在没有把一窝小蜘蛛安全转移到别的地方以前是绝不会自己逃遁的，正由于这样，它们往往会因父母之爱而死于非命。

这些小蜘蛛一旦离开父母为它们营造的隐蔽之所后，就开始学习自己织网，它们似乎一夜之间长大了。如果碰上好运气，第一天，就可捉到一只苍蝇来饱餐一顿。但是，它们也有一连三四天得不到半点儿食物的时候，碰上这样的情况，它们也能够继续长得又大又快。

然而，当它们老了以后，体积就不会继续增加，只是腿长得更长一点。当一只蜘蛛随着年龄的增长而变得僵硬时，它就不可能捕捉到俘获物，最终会死于饥饿。

·摘自《读者》（校园版）2019年第19期·

如果冰川融化，北极熊会进化成什么动物

米　高

如果未来北极不再寒冷，那北极熊会变成棕熊吗？如果不会，那北极熊能进化成什么动物？

这是一个超级问题，因为这个问题利用现有的知识创造了一个新的领域。研究生物不像研究物理，而更像研究历史。换句话说，生物的进化是遵循特定的规律的，我们只要弄清楚这些规律，就有可能预测未来。

北极熊的祖先是棕熊，那么棕熊是怎么变成北极熊的呢？如果你回答是因为棕熊到了北极，身上落了雪，所以就变成了北极熊，那下次下大雪，你千万不要让雪落到你身上，否则你就变成"北极人"了。

如果你的回答是棕熊为了获得保护色而变成了北极熊，那么这个解释似乎不错。你去海边的时候为了预防紫外线，皮肤会变黑是多好的例

证啊！这个解释美妙的地方在于，你想什么就来什么，可是你每天都想飞，就真的能长出翅膀吗？无论如何，只要你能自圆其说就不算错！什么叫作自圆其说呢？也就是你的解释没有漏洞或者自相矛盾的地方。

这属于一种高级的想象力，一种不自由的想象力，如同编写一个像《哈利·波特》《阿凡达》《西游记》这样的好故事，你必须构建一个完全符合逻辑的想象世界。你必须解释为什么有些山可以在潘多拉星球悬浮——因为山上的矿石中含有常温超导物质，而人类之所以要来这个星球就是为了得到这种物质，而且该星球磁场紊乱，这也是该星球上的动物有一定的感应能力的原因。磁场为什么会紊乱？是因为附近有几颗别的行星，你都可以在天空中看到……几件事必须能够互相解释，成为一个完善的逻辑系统。

我们现在提出一种假说，你来判断一下，我们能不能自圆其说。

很久以前，北极地区气候温暖，被森林覆盖，棕熊生活在这里，以嫩叶和浆果为主要食物。也许你会问，不是蜂蜜吗？你以为它们都像小熊维尼那么舒服吗？甜食在野外是非常罕见的，获得蜂蜜这种高能量食品更是难上加难。也许你会说，熊吃鱼。很遗憾，只有很少的棕熊有这种待遇，每年只有在鲑鱼洄流的季节，河流附近的棕熊才会聚集到这里享受盛宴。接着说棕熊在北极的故事：后来，北极气温下降，森林消失，回去的路已经被大海淹没，有一群棕熊被困在这里。当然，这是一个非常缓慢的过程。棕熊寻找食物变得越来越困难，此时，一只患有白化病的小熊出现了，它浑身的毛都是白色的。这是一种基因突变，在森林中也会出现。不同的是，得白化病的小熊在森林中是异类，对其他熊来说像怪物一样，它几乎不可能有繁殖的机会。但是白色的毛在冰雪覆盖的北极就变成了优势，它成了保护色，但不是为了预防天敌。熊至今只有一个天敌，就是人类。这种保护色的作用和狮子的颜色可以融入草原类似，是为了接近猎物。

棕熊的猎物是什么呢？海豹。为什么会有海豹呢？因为水中有很多鱼。冰雪覆盖的陆地上生命很少，为什么水中有鱼呢？因为水中有很多浮游生物。为什么这么寒冷的水中有浮游生物呢？因为水温低，溶解在水中的氧气就多。这就是一个典型的通过层层深入提问发现事物本质的过程。通常一件事问 3~5 个问题，就可以发现其最根本的原因。

既然可以捕获猎物，而且能获得高能量的食物，小白熊就获得了优势，它们不仅能生存，还可以繁殖，后代中也会有白化病的基因。这就是北极熊的祖先。这个假说你是不是觉得有点儿眼熟？对了，就是进化。其实人类社会在很多地方与自然界的生态圈相似。动物在适合的环境中可以繁衍，人找到自己专属的领域也可以获得成就。哪怕你的成绩是班里最后一名，就像森林中得白化病的小熊，但是一旦找到属于自己的领域，你就可以在这个领域称王。在这个领域你有擅长的事情，可以是玩积木、画画、写作、踢足球……

也许你已经相信这个假说了，因为它可以自圆其说。但是不要轻易相信，你需要找一找漏洞。我们就是通过不断地寻找漏洞来完善我们的模型，从而更好地预测未来。还记得我们要干什么吗？预测北极变暖后，北极熊的未来。其实非常简单，只要你把北极熊和棕熊一对比，你就会发现问题。成年北极熊的体重能到 600 千克以上，而棕熊的体重只能到 300 千克以上，北极熊要重得多！为什么呢？显然不是白化病的结果。也许你会说，北极熊吃肉，棕熊吃叶子和浆果，所以北极熊的体形大。这个解释好像还不错。欧美人以肉食为主，亚洲人以蔬菜、粮食为主，所以欧美人比亚洲人高大。

　　我们再来看一个假说来解释体形这个问题。问大家一个简单的问题：一碗热水和一浴缸热水，温度一样，哪个凉得慢？答案是浴缸。因为浴缸虽然散热面积大，但是水更多。所以在寒冷地区，动物维持自身的体温是非常大的挑战。体形越大，散热越慢，在保暖方面是有优势的。欧美人的体形比非洲人的大，这是因为他们的祖先生活在北欧寒冷地区。北极熊的体形比棕熊的大也是同样的道理。

　　因为北极熊的体形变大就可以保暖，所以小白熊长大了，对吗？如果你明白了前面的假说，也许你可以完善一下北极熊进化的过程。小白熊的后代中出现了体形稍大一点的个体，它们因为能更好地保温，获得了优势，所以有更多的后代。是不是有点儿熟悉呢？很像长颈鹿的脖子的进化理论。最终北极熊就成了今天的样子。

　　历史了解得差不多了，我们可以预测未来了。全球变暖是一个特别现实的问题。北极的冰川在融化，北极熊的栖息地遭到破坏。也许你会说，北极熊可以游泳啊，可以在水中捕猎海豹。北极熊的确可以游泳，但是让北极熊在水中捕猎如同让你在水中抓海豚那么困难。

　　那北极熊是怎么捕猎的呢？一定是在陆地上。对了，一定要用自己的优势对付别人的劣势。海豹为什么要上陆地呢？因为它是哺乳动物，是用肺呼吸的。北极熊的主要工作就是在海豹的上岸处等待，因为它有足够的时间，反正也没事干。未来冰川融化，冰面面积减少，北极熊无法在冰面上坐等美餐，该怎么办呢？也许你会说，海豹在冰上打洞产仔，必须到冰面上来，北极熊还是有食物吃的。我不得不佩服你这个"半个北极熊专家"了，可惜，"半个专家"是不够拯救北极熊的。每年海豹产仔的时间很短，你能每年就用一个月吃饭，其他时间都用来散步吗？记住，北极熊是在零下 50℃的北极顶着大风散步，要消耗大量的能量。

好了，看来在陆地上是没法待了，只有上天或下海。先说上天吧，"飞熊"多么美妙啊，可以像白头海雕一样捕鱼。想象一下，一头长翅膀的熊从头上飞过，那你就危险了！它随时可以把你抓起来。这个假说有什么漏洞吗？飞行能力在自然界独立进化了很多次，鸟类、飞鱼、昆虫、蝙蝠，等等。哺乳动物中能飞的很少，除了蝙蝠还有飞鼠，它们上肢下面的薄膜充当了翅膀的功能，这似乎说明飞行并不适合哺乳动物。

鸟类的骨骼是中空的，很轻，而且有强健的胸肌。哺乳动物的骨骼较沉，因为要支撑身体，而且哺乳动物的胸肌跟鸟相比，就跟没有一样。最大的飞鼠有几十厘米长，但是比起体形巨大的北极熊，还是太"小儿科"了。北极熊要想飞起来，得需要多么强壮的胸肌啊！

另外，蝙蝠和飞鼠的祖先似乎都是从高处滑翔开始的，但是北极没有树。而且，北极熊首先需要变小，才有可能开始滑翔。也许你还记得体形大的动物在北极有优势，但是现在气温上升了，动物的体形小一点也没问题。这样一来，好像可以自圆其说了。

当然了，这个过程需要基因突变，然后自然选择。无论如何，即使成功也会是一个漫长的过程。不过，想象一下北极上空飞翔着一种类似飞鼠的哺乳动物，好像还是很酷的！

飞行总是一件很难的事，因为必须克服地心引力，所以地球上大部分动物不会飞。在海里生活似乎容易得多，连生命都起源于海洋，有什么哺乳动物常年生活在海里呢？鲸、海豚、儒艮（常被认作美人鱼，如果你见过它的真面目，就会非常怀疑当年给它起名的水手的审美）。

此处我们还需要研究一下历史。鲸和海豚的祖先是陆地哺乳动物，生活在水边，后来逐渐进化成今天的样子。看来不错，至少北极熊不用减肥了。大自然就像一位巧夺天工的大师，把它不要的都去掉了。这相当于做减法，而基因突变是在做加法。是的，因为抄书抄错了，才可能有今天的生物多样性。这特别提醒我们，应该礼待错误，保持宽容的态度。在进化的过程中，这些错误将带领你到达难以企及的地方。所以只要条件具备，北极熊完全有可能进化成鲸或海豚的样子。记住，这是极其漫长的过程。无论上天还是下海，都需要很长时间，因为基因突变的速度很慢，所以只要气候变暖的速度足够缓慢就可以了。在地球的历史上，气候变化是一个漫长的过程，生物有足够的时间去进化和适应。但是自从人类崛起以来，我们对大自然的影响加速了，生物没有足够的时间适应这种突变，很多就被淘汰了。气候变暖和工业革命后的碳排放量有关，这就是我们现在要减少碳排放的原因。

　　总结一下，首先这是一个特别好的问题，因为它利用进化论开辟了一个新的领域。其次，我们试着解释一个现象的时候，要尽量自圆其说，努力去寻找漏洞，然后去完善它，你就能得到一个更好的解释。最后，我们还层层深入地提问，这是发现事物本质的方法，同样是一种非常有效的思考方法。

·摘自《读者》（校园版）2020 年第 1 期·

动物也有有趣的灵魂

【英】约翰·亚瑟·汤姆森

张毅瑄　编译

"死了都要爱" 的野兔

可以说，野兔是动物界中性格最温和的动物，所有动物都想攻击它，但它不与任何动物为敌。它的特质就是躲躲藏藏，天生拥有非凡的避险能力。它会选择视野良好之处憩息；它的视力极佳，嗅觉灵敏，还有一对顺风耳；它会磨响门牙向同伴发出警报；它会以锯齿状路线逃跑，连狐狸都会被搞得晕头转向；它的大脑能让它在察觉危险时立刻全速奔跑，一受惊吓就如流星般消失得无影无踪；它在离开或回到窝巢时总要远远一跳，这样它所留下的气味、踪迹就会在距离窝巢一段距离之处消失。

上天赋予它们功能良好的感官与肌肉，还有许多本能性的花招，能让它们以机巧的方式避开敌人。

然而，当野兔处于繁殖期时，它们就会屈服于动物的本能，将自保本能抛到九霄云外。这时，原本谨慎的野兔会变得鲁莽无惧，整天将自己暴露在开阔处。雄兔四处飞奔，寻找害羞的雌兔，双方一旦相遇就开始绕着圈你追我跑。若是遇上情敌，那一定少不了一场厮杀，不论是前爪的拳击还是后腿的踢打，全朝对方身上招呼过去。等双方都因整日奔跑打斗而筋疲力尽时，它们就会坐在地上互瞪一阵子，然后其中一方会突然跳起来，朝有草的地方疾奔而去，一点儿也没有平日慢跑的优雅自在，其飞跃之姿反而给人以横冲直撞之感。这些"为爱痴狂"的野兔都像不要命了似的，恨不得让全世界都看见自己。雄兔生性浪荡不羁，从来就不安于室内，它可能会跟某只雌兔刚有一段情缘，但随即就另结新欢去了。

热衷于"抢亲"的雄海狗

雄海狗像霸道的土匪头子，它们对待爱情只有一个准则：抢就完了。

5月初，雄海狗陆续抵达群岛岸边，它们体积庞大，浑身肥油，体能正处于高峰期，登陆后就各自在海滩上寻找一块数平方米的"风水宝地"，并随时准备为捍卫这块领地而战。此时四处燃着战火，没有一只雄海狗敢暂离领土不加防守，因此数周下来，它们不吃不喝，甚至连睡觉都不敢！

雌海狗个性温顺，体形只有其配偶的 1/5 左右，约比雄性晚一个月抵岸，但雌海狗一上岸就会遇到"暴民"。每只雄海狗都想多抢几个老婆，虽然它们只会威逼利诱，不会动粗，但雄海狗彼此整天打来打去，让雌海狗也不得安宁。

即使某一对海狗已经结为夫妻，另一只雄海狗也可能随时跑来"抢亲"，叼着新娘的后颈把它拽回自己的国土。而那只丢了太太的雄海狗，只好再去哄劝另一只初来乍到的雌海狗跟随自己。

野兔爱起来不要命，雄海狗爱起来没有底线。然而最没有底线的还要数黑田鼠。尽管黑田鼠的家庭观念很强，似乎总是成双成对地生活，雄田鼠通常能够与妻儿愉快相处，但如果它觉得自己被戴了"绿帽子"，它就会把一窝私生子都吃掉。

做父母的哺乳动物

哺乳动物的有趣之处不仅在于会谈恋爱，它们还会扮演父亲和母亲的角色。比如雌海狗可以从数百只小海狗中准确找出自己的孩子，其他小海狗若想接近它，则会被它赶走。

海狗夫妻大部分时间会各自活动，但如果有了孩子，就会经常见面，甚至带着孩子一起散步，简直是动物界的"吉祥三宝"。

河狸成双成对地生活，奉行一夫一妻制。小河狸要花很长时间才能长大成年，在此期间，它们似乎都过着快乐的家庭生活。

当然，也有"心大"的哺乳动物母亲……在清醒状态时，雌睡鼠是能够悉心养育幼儿的好母亲。但是，一年中较晚受孕的雌睡鼠所生的小睡鼠死亡率极高，这是因为它们还来不及被养大，母亲就已经冬眠去了。

水獭的育儿行为

水獭这种大型哺乳动物身处不利的环境，仍能固守据点、继续生存，它们是怎么做到的呢？它们依水生活，敌人少了、风险也小了；此外，它们不挑食的好习惯亦是一大助力。它们的脑袋灵光、感官敏锐、肌肉发达、精力充沛。它们正是凭借这些优点继续存活在欧洲与北美的大片土地上。

　　水獭还有另外两项胜人一筹的特质：适应四处漂泊的生活形态和水獭母亲无微不至的育儿行为。

　　许多生物都有精心掩藏的窝巢，水獭更是有好几个，每个之间相距10米到12米，而它会在夜间从一个窝远行到另一个窝，大部分时间在四处游荡。"它总是奔波无定，真可谓食肉目中的'吉卜赛人'。"这么能干的水獭，遇上漫长而严酷的冬天也会束手无策，此时不但湖面结冰，野禽也都迁至他处。水獭倒是有"人定胜天"的精神，只要发现冰层有洞就敢下水捕鱼，据说它们总能神乎其神地回到原来的洞口处，不会因迷失方向而在冰下溺毙。

　　水獭通常一年生一胎，等到孩子两个月大时，母亲会领它们下水，让小水獭逐渐适应水中生活。

　　水獭母亲给予孩子内容丰富而全面的教育。它们会告诉孩子们一些声音代表的特殊含义，会惩处不听话或鲁莽的小水獭，会不断地训练它们游泳直到技术纯熟，还教它们如何在池岸边的水中埋伏，仅让鼻孔露出水面。它们将觅食之术倾囊相授，包括怎样捞到鳟鱼、怎样捕捉青蛙，更是严格要求孩子们谨守"餐桌礼仪"，吃鳗鱼必得由尾部开始，吃鳟鱼应该先吃头，而青蛙在入口前则要先剥皮。

　　漫长而无微不至的教育或许正是水獭成功的主因，但它们在这个过程中也总能寓教于乐，不仅因为小水獭天性欢快爱玩——在无意间学习面对求生的沉重课题，更因为水獭母亲会与孩子们一同游戏，好似它们也能从中得到快乐。同样的场景年复一年地出现，或许这正是水獭常葆青春的秘诀之一，那些在森林中生活和工作的人都说水獭是"上帝在土地上创造的最爱玩耍的生物"。

风中的骆驼

王　族

在沙漠中遇到刮风，如不懂得躲避，轻则迷失方向，重则丧命。

然而骆驼在风中，却自有避风的办法。有的骆驼只是将头低下，便可迎风而行。不知者问骆驼的主人，得到的答复是，骆驼将头低下，便不会把沙子吸入鼻孔，只要呼吸不受影响，它们便无碍。

另有一则故事。一个人牵一头骆驼，在塔克拉玛干沙漠中行走，不巧碰上大风，眼见生还无望，那个人悲痛惨叫。那头骆驼却转过身，将屁股对向大风，然后卧下，形成一个肉躯"港湾"。那个人反应过来，趴在骆驼的腹下，躲过一场风沙。

另有一个人，也因大风中的骆驼经历了一件奇事。某一夜，他听见外面起风，间或还有风沙声。不用猜，一定是一场风沙正在黑夜中肆虐。

他裹紧被子,心想睡着后便可不理风沙。这时外面传来骆驼的叫声,一声紧似一声,并传来其大掌踩地的沉闷声响。他没了睡意,便披衣出门去看。那头骆驼在院中,看到他便不再哀鸣,呼吸声亦变得轻松了很多。就在那一刻,他的房屋在黑夜中被风沙一把掀翻,塌了。

他抱住骆驼,感激而泣。

·摘自《读者》(校园版)2020 年第 1 期·

一只喵星人的南极冒险

郦冰熹

1898 年，卡斯滕·波克戈里艾克第一次在南极利用狗拉雪橇进行人力和货物运输。1911 年，阿蒙森的 97 只雪橇犬载着他和他的队员，第一个到达南极点（只有 14 只完成了全程，回到了基地）。1991 年，《关于环境保护的南极条约议定书》（此议定书规定，禁止雪橇犬再进入南极大陆）签署前，一共有超过 1400 只狗先后在南极工作过。

相比于雪橇犬，抵达南极的喵星人屈指可数。有名有姓被记录下来的南极猫，不过寥寥数只。1960 年，英国猫 Ginge 被当作"家具的一部分"送到了英国在西格尼岛上的南极科考站。喵星人除了能偶尔作为"鼓励师"抚慰一下科考队员们的孤寂心灵，并没有其他用处。

雪橇犬需要时刻待在零下 30℃ 的酷寒和暴雪中运输货物和人员，奋力奔跑在有时深达半米的雪地中，连续数十千米。当遇到灾难时，汪星人往往是第一批牺牲品——被射杀当作口粮。而在南极的喵星人则完全不必经受如此考验，它们受尽宠爱，待在温暖的房间里，惬意自在。它们很少经历什么生死时刻，每天隔着玻璃窗遥望一下被冰雪覆盖的南极大陆，已经是它们最大的冒险了。

然而，有一只叫"花栗鼠夫人"的花猫却成了传奇，它在 1914 年同沙克尔顿科考队一起，在坚韧号科考船上同生共死。

花栗鼠夫人是一只公猫，它本是船上的木匠麦克尼什的宠物。麦克尼什在准备旅行装备的时候，它正好蜷曲着睡在其中的一个工具箱上，于是作为工具的一部分——一只肉身灭鼠器被带上了坚韧号科考船。坚韧号于 1914 年 8 月 1 日从伦敦出发，载着 30 名船员、96 条狗和 1 只猫开始了未知的南极探险之旅。

同年 8 月 26 日，坚韧号抵达阿根廷布宜诺斯艾利斯港，进行最后的补给。在停靠期间，一个叫佩西的 19 岁英国青年，偷偷藏进了船内，直到起锚 3 天后才被发现。船长让佩西在船上打杂，主要负责端茶送水。佩西不久就成了"花栗鼠夫人"第二好的朋友，他们俩的合影甚至是"花栗鼠夫人"唯一的影像资料。

"花栗鼠夫人"是出色的猎手，船上的老鼠基本上都因它而毙命。和很多猫一样，它也喜欢把杀死的小老鼠放到主人的鞋子前面。同时，它还喜欢招惹在狗房的雪橇犬，时常蹿到狗窝上方，用尖锐的爪子刮屋顶，科考队的每只狗都对它恨之入骨。

进入南极海域不久，坚韧号上的船员发现，他们无法穿越浮冰带，在南极大陆靠岸。起初沙克尔顿还期望能够顺着冰裂缝前进，等待南极夏季气温升高，或许能够找到可乘之机。然而，船只逐渐被变幻莫测的海冰裹挟，在南极大陆附近的海域飘荡。当季的气温也迅速下降，1915

年1月8日，坚韧号被完全冰封在了海冰中。

坚韧号在海冰的挤压下，常发出可怕的"吱嘎吱嘎"声。沙克尔顿把所有的狗都转移到附近相对安全的冰面上，"花栗鼠夫人"则被留在了船上。它大多数时间都喜欢躲在甲板下面没有冰雪的地方，偶尔跑到甲板上，巡视一圈大家都在做什么。

这段艰苦的生活，让几乎所有船员的体重都大幅下降，唯有"花栗鼠夫人"的体重涨到了接近4.4千克（很多船员宁愿自己饿一点也要偷偷给它投食）。不过有些人却觉得"花栗鼠夫人"碍眼，差点将它直接扔进狗窝喂狗，还好之前偷渡上船的佩西及时发现，才让"花栗鼠夫人"逃过一劫。

靠着干粮和猎来的海豹、企鹅挨过了漫长艰苦的南极冬季，所有人都以为希望来了。然而，春季逐渐解冻的浮冰最终挤爆了坚韧号，在震耳欲聋的"咔嚓"巨响后，船的龙骨被挤断，整个船体瞬间变成一堆碎片，只有三根桅杆歪歪斜斜地杵着。虽然所有人都被疏散了，但物资储备已经捉襟见肘。

1915年10月29日，沙克尔顿决定分批射杀动物，以减少食物消耗。而他这之后的一系列决定最终拯救了身处绝境的整个科考队，雪橇犬和"花栗鼠夫人"用生命换来了整个科考队逃出生天。

只是木匠麦克尼什一直为沙克尔顿下令枪杀自己的爱宠耿耿于怀，他和沙克尔顿的公开矛盾甚至让他没有获得理应得到的"极地奖章"。在考察结束后，木匠最终定居在了新西兰，于1930年死在那里。

2004年，新西兰南极学会在麦克尼什位于惠灵顿卡洛里公墓的墓地上，放置了一座等身的"花栗鼠夫人"青铜像，以纪念麦克尼什与他的爱猫"花栗鼠夫人"为人类的南极科考事业做出的伟大贡献。

亚马孙雨林里的蚂蚁"盛宴"

睦潞平

在亚马孙雨林旅行时，若说有一样东西能让我一步一步地贴近雨林生活的中心，那就是蚂蚁。

当时我们进入了整个雨林的心脏地带，看到的是绿油油的一片树林。在探险的过程中，围兜兜族的小伙子阿牛（我悄悄为他取的名字）每次找到好东西，都会冲我喊"咪迪，咪迪"，也就是"来看，来看"的意思。看什么呢？原来他在一棵树的后面发现了一个东西。我看他用力一掰，有东西掉下来，原来是一个很大的蚂蚁窝。蚂蚁卵居然是他们的食物。

阿牛将蚂蚁窝从中间掰断，然后把里面所有的蚂蚁卵都倒了出来。蚂蚁卵小小的、白白的，所有的族人都围了过来，大家吃得津津有味。

蚂蚁卵竟然可以作为食物，当年的我对此还闻所未闻。要去尝试吗？我想还是不要吧，但又对自己说，这是唯一的机会，一定要吃吃看。

我下定决心，不放过任何一个体验围兜兜族人生活的机会，做一个彻底的亚马孙原住民。其实诚实地讲，蚂蚁卵吃起来非常甜美，咀嚼起来的感觉也挺独特。

在亚马孙雨林里，变数非常多，同行的一位妇女突然癫痫病发作，大家都吓坏了。在我们的常识里，一个癫痫患者一旦病发，就应该立刻让他咬住一个汤匙或一根筷子，以免他咬到自己的舌头。可是在这里，我们没有医疗设备和药品，怎么办呢？

一个小伙子去树上找了一个蚂蚁窝，然后二话不说把它揉搓一通。给那名妇女闻了揉碎的蚂蚁窝之后，她竟然慢慢地清醒了。原来围兜兜族人早就知道，揉碎蚂蚁窝后蚂蚁身上会散发出一种天然的蚁酸，只要闻一下这种特别的味道，患者就能够清醒过来。

在那位妇女慢慢清醒的过程中，我见大家好像都挺轻松愉快的。我在旁边跟着一起唱歌的时候还有点犹豫，焦急地想：我们要赶快救她啊，怎么还有闲情逸致唱歌呢？这可能就是我们所谓的文明人的障碍，即我们已经习惯生病了就要吃药、打针，可是治病不仅需要医药，还需要人与人之间的精神抚慰和大家共同的关怀。那位妇女醒过来之后，梳理了一下头发，还显得有点儿不好意思。

大家似乎非常喜欢蚂蚁窝的味道，竟然一个个争相去闻，就跟那会儿吃蚂蚁卵的情形一样，这真让我大开眼界。

经过这一段历程，我才了解到，原来对亚马孙的部落来说，从食物到治病，蚂蚁有这么多的功能、这么深的意义。

当蚂蚁窝传到我面前的时候，我知道那气味一定很可怕，所以心理有点儿抗拒。最终我还是说服自己去闻了一下——那气味比芥末还要冲，直冲脑门儿。在我的脑海中，蚁酸的特殊气味至今记忆犹新，我庆幸自己没有错过那个千载难逢的机会。

·摘自《读者》（校园版）2020 年第 4 期·

剧毒动物会不会被自己毒死

SME

要说自然界最尴尬的一幕，莫过于毒物被自己毒死了。

比如，当粒突箱鲀受到惊吓时，会立即分泌出致命的河豚毒素。结果不小心分泌过多，反倒把自己给毒死了。

又比如有实验室记录案例，一条埃及喷眼镜蛇不小心咬到自己，结果伤口严重肿胀，出现了感染毒液中毒的症状。

看到这里，我们心里不免会有点幸灾乐祸：没想到剧毒生物也会落得这般下场。

但请不要高兴得太早，这些只是剧毒动物里学艺不精的"愣头青"，绝大多数的剧毒生物并不会出现这样的失误。

那么，这些剧毒生物究竟付出了哪些努力，才不至于被自己毒死呢？

对大部分毒液毫无抵抗力的人类而言，这些策略又能启发我们什么呢？为什么哺乳动物却很少有毒呢？

相信大家都去水族馆看过美丽的水母。别看它们外表迷人，但自然界中绝大多数水母都带有剧毒。其中毒性较为剧烈的有箱型水母、帆水母、僧帽水母等。就算你无意间碰到这些水母的身体碎片，它照样能让你痛哭流涕。

虽说形态各异，但这些水母都对一种"自我抗毒"的策略谙熟于心。这一策略的本质也很简单，就是设法将毒液存放在安全的地方。

就拿水母来说，它有一种类似鱼叉的结构，叫作刺丝胞。

刺丝胞内有刺丝囊，刺丝囊会吐刺丝，刺丝会将毒液安全地包裹起来。当受到外界的刺激时，刺丝胞内部的刺丝囊就会从周围的细胞质中吸收水分。

这会改变囊壁的渗透压，从而增加刺丝囊内的压力，刺丝也就能冲破盖板向外翻出来，并直接吐出毒液。

由于这是刺丝囊自发的反应，所以就算水母被扯成碎片，它也能将毒液发射到敌人身上。

可见，水母的这一策略既能攻击敌人，又不会让自己中毒。虽说这种策略是管用的，但看上去似乎并不是很高明。

不过先别急，大自然的鬼斧神工本就是我们人类的想象力难以企及的。剧毒动物的构造当然也不例外。

想必很多人从小就听过箭毒蛙这种生物吧。作为毒性最强的物种之一，目前已知的种类有近 200 种。

这种蛙看起来很可爱，但它们的皮肤腺体中存在一种生物碱毒素。

这种毒素能永久性地阻断神经信号向肌肉细胞的传递，从而导致肌肉持续紧张不能放松。一只金黄色箭毒蛙体内的毒素，能够在 3 分钟内毒死 10 个成年人。

然而，令人意想不到的是，当对这些箭毒蛙进行人工圈养时，它们是完全无害的。

也就是说，箭毒蛙自身是不会产生这些毒素的。研究发现，箭毒蛙体内的毒素来自它们吃下去的食物，比如毒蜘蛛等。那么，为什么这些外来的毒素不会将箭毒蛙毒死呢？

在宣布答案之前，我们先要大致了解一下这些毒素是如何发挥作用的。

事实上，一些箭毒蛙的神经毒素称作地棘蛙素——一种类似吗啡的化合物。一旦其他动物捕食了毒蛙，这类毒素就会进入捕食者的神经系统。它们与神经细胞的表面受体相结合，能干扰乙酰胆碱传递神经讯号的工作。细胞膜上存在在一种蛋白质，叫作受体。它负责在细胞内外传递信息。类似于生活中的锁，每个受体都必须有特定的钥匙才能开启。通常受体只有与完全匹配的"钥匙"接触时，才会发出信号。

然而科学家发现，地棘蛙素就像一把"万能钥匙"，能够开启捕食者神经细胞上的受体，从而破坏神经系统的功能。这样一来，就会诱发高血压、眩晕、癫痫，甚至死亡。

那么，为什么这些毒素不会与箭毒蛙神经细胞表面的受体相结合呢？

研究发现，这些毒蛙之所以不会中毒是因为它们发生了微小的基因突变。原来在组成箭毒蛙受体的 2500 个氨基酸中，有 3 个氨基酸发生了细小的变化。这就巧妙地阻止了毒素与它们自己的受体结合，所以它们不会把自己毒死。

换句话说，为了容纳这种毒素，它们细微地改变了自己的受体的形状，因此不会被这种毒素所干扰。

你可别小瞧了这 3 个氨基酸的突变，如果突变得太多的话，不光是毒素这把"万能钥匙"开不了，就连正常的受体都可能无法打开了。

这样的话，生物体神经系统的正常功能同样会受到重大影响。可想而知，这 3 个氨基酸要突变得多巧妙，才不至于影响正常受体与其结合。

当然，通过改变神经系统中的基因的剧毒生物并不罕见。比如海蛞蝓，它在基因突变后会吞下水母刺丝胞，并将里面的毒素转换为它自我防卫的工具。

该项研究成果也给人类的药物开发带来了宝贵的启示。众所周知，目前几乎所有的止痛药都是通过结合相应的神经受体发挥作用的。然而，绝大部分药物都或多或少会有成瘾性等副作用。原因很简单，因为它们不仅作用于痛觉受体，还会作用于其他的神经受体。那么，我们能否根据箭毒蛙的策略，通过改造神经系统的表面受体来减少副作用呢？

也许在不远的将来，科学家还能开发出既能止痛又不会导致成瘾的药物。

看到这里，你就会发现无论是拥有暗器的水母，还是基因突变的箭毒蛙，都只采用了单一的策略。

然而，还有一些剧毒生物，会采用多元化的策略来帮助自己抵抗毒素，以保证万无一失。比如比较常见的毒蛇便是如此。

类似于水母，毒蛇也会将自己的毒液储存在一个特别的隔间中。不同的是，这个隔间唯一的出口就是牙齿。

当毒蛇咬住敌人时，毒液就会通过牙齿进入对方的身体。我们知道毒蛇的种类有很多，它们所带来的损伤也五花八门。

总的来说，毒蛇的毒液一般分为血循毒素、神经毒素和混合性毒液。

所谓的血循毒素就是进入血循环系统的毒素，能破坏器官乃至细胞，使猎物死于心肌梗死等症状。

神经毒素则是能阻断神经之间的信号，使其功能丧失。轻则使肌肉麻痹或行动受阻，严重的会导致呼吸肌麻痹，可能引发窒息等。混合毒素则兼具了血循毒素和神经毒素所具有的特点，拥有更加威猛的毒性。

既然毒液的威力如此巨大，难道毒蛇就真的不会毒死自己吗？换个问法，通过牙齿来释放毒液的它们，难道就不会不小心吞下毒液吗？

答案是肯定的。不过吞归吞，这些毒液也是伤不到它们自己的。

这得归功于毒蛇采用的第二大防反噬策略：产生抵抗毒性的物质。在蛇的血液中，就有抵抗自己毒液的免疫物质。有了这些物质后，毒蛇吞自己的毒液，就好像我们吞自己的口水一样，并不会对自己的机体组织造成伤害。

受此启发，如今在医学上治疗蛇咬伤的抗蛇毒血清就是类似物质。

看到这里，你会发现剧毒动物为了不让自己被毒死，真是使尽浑身解数。

不过这都局限于爬行动物或是软体动物。我们似乎很少听过哺乳动物是有毒的，更别说拥有强大抗毒能力。

根据统计，真正有毒的哺乳动物屈指可数。然而，早期哺乳动物的化石却暗示着，过去哺乳动物是会用毒的。

那么，为什么现代的哺乳动物大多默契地放弃了这一能力呢？难道是因为高级哺乳动物反倒害怕自己蠢到被毒液毒死吗？

答案当然是否定的。实际上，放弃用毒反倒是一种聪明的选择，毕竟进化出毒液以及抗毒能力的性价比实在是太低了。因为积累毒液可不是一件容易的事儿，需要费一番功夫。

还有，当哺乳动物成为地球的主宰后，体型也越来越大。所以，如果要生产出足以一次将大型猎物放倒的毒素是一件特别费劲的事。

相反，日益发达的神经系统也带来了强大的力量。因而比起释放毒液这样的消极防御措施，通过暴力的斗争则成了更高效的御敌技能。很自然地，自己生产毒液反倒成了一种累赘，就被逐渐抛弃了。

除此之外，哺乳动物为什么不像箭毒蛙那样从外界获取毒素？

因为这样也是不划算的，这不仅会提高代谢成本，还会让它们只能固定吃某种食物。

不过那些小型哺乳动物，又凭什么放弃毒液呢？因为它们进化出了"毒气"。

当它们遇到危险时，就先放出类似烟幕弹的毒气，让捕食者晕头转向。与费事积累大量毒素相比，这样放"烟雾弹"的招数更显得狡猾。况且，这些哺乳动物还不用费劲想如何进化出抗毒能力。

至于体型不大、不会放毒的人类，为什么抗毒能力奇差呢？这可能是因为人类与毒物抗争的机会并不多。毕竟，拥有自知之明的人类怎么会主动选择跟这些剧毒动物发生正面冲突呢？

不过，这些都不能阻止人类对毒液的好奇心，如今世界各地的实验室里有一群科学家，正想方设法让这些毒液为人类所用。

猴子还会变成人吗

贝小戎

"猴子还会变成人吗？"一个名叫艾瓦的6岁孩子提出了这个疑问。《孩子提问题，大师来回答》一书的编者，找到了博物学家大卫·阿滕伯格博士来回答这个问题。他说："猴子很善于在树上生活。它们的手、脚适合攀爬，能摘树上的叶子和果子吃。在这一点上，其他的动物包括人在内，都比不上猴子。因此，它们并不急着改变原有的生活方式……只要森林还容得下它们，并且还能提供足够的食物，猴子还将继续做猴子。"

无论是这个问题还是这个答案都有一些言外之意。提问的孩子的意思可能是：既然人是由猴子进化而来的，为什么现在的猴子不能进化成人呢？这个问题隐含着的意思是，人比猴子更高级，进化是一个逐渐上升的梯子，而不是一个分叉的树。阿滕伯格在回答时的言外之意是：人不是从今天的这些种类的猴子进化而来的。人和猴子有着共同的祖先，后来在进化的过程中——大约在 500 万年到 800 万年前，它们分道扬镳了，沿着不同的方向进化，一组进化成了人，另一组进化成了猴子。猴子并不是进化程度不如人类高的动物。它们跟人类处于不同的进化路线，人和猴子是在两条路线上同样进化了的动物。

人跟猴子的一个区别是人没有尾巴。这是为什么呢？古生物学家路易斯·利基博士说："巨型类人猿都没有尾巴，人类是地球上至今还存活的 7 种巨型类人猿中的一种。灵长类动物的尾巴主要起平衡作用，尤其是它们在树枝间荡来荡去时，尾巴的帮助作用很大。巨型类人猿体形巨大，主要生活在地面上，在进化过程中，我们失去了对长尾巴的需求。但人类还有尾巴的遗迹——在脊柱的末端，有一小块骨头叫尾骨，要是你重重地摔个屁股蹲儿，就有可能把它摔碎。"回答这个问题的路易斯·利基博士，她童年的大部分时光都在肯尼亚北部的荒漠上奔跑，6 岁时她就发现了一具 1700 万年前的类人猿化石，成为世界上发现此类化石年龄最小的人。

科普作家玛丽·罗奇写过一本关于消化道的科普书。她在回答另一个问题时，提到了黑猩猩的适应性。有小孩问："为什么吃下的甜玉米粒又能原样拉出来？"罗奇说："玉米粒上有一层致密的纤维种皮，可以经得住胃酸和胃液的消化，就如同皮夹克能够保护摩托车手一样。玉米难以消化是出了名的，它可以完整地穿过人的消化道。因此，玉米可以作为标记食物，用来测量食物从被吃下到被排出要用多长时间。记下你吃下玉米的时间，然后再记下你再次见到它们的时间，两者间隔的小时数就是它们在你的消化道里的运转时间。如果你充分咀嚼，咬破了玉米粒的种皮，身体便能吸收玉米里的营养物质了。"

　　"在非洲大草原,猴面包树的种子特别坚硬,连黑猩猩也嚼不动。于是,它们得将这种种子吃上两遍：黑猩猩会从自己的粪便里把未被消化却已经变软的种子拣出来,再次送入自己的消化道中。经过这第二次的循环,种子才能被破开。黑猩猩这么做时,还会用树皮抹干净自己的嘴巴。"罗奇说。

　　生物学家卡伦·詹姆斯说："科学家曾在野外放置了一些木制的斑马模型,有些涂成条纹状,有些涂成纯白色,有些涂成纯黑色,然后给斑马模型都刷上胶。结果发现,条纹状的模型粘住的吸血飞虫最少。这证明斑马的条纹可能是为了驱赶吸血飞虫而进化出来的。人类没有进化出这种条纹,不过,夏天你可以穿条纹衣服！"

·摘自《读者》（校园版）2015 年第 18 期·

傻鸟的道理我不相信

雪 珥

有一种鸟，它能够飞行几万千米，飞越太平洋，而它需要的只是一小截树枝。在飞行中，它把树枝衔在嘴里，累了就把那截树枝扔到水面上，然后落到树枝上休息一会儿，饿了就站在树枝上捕鱼，困了就站在树枝上睡觉。谁能想到，小鸟成功地飞越了太平洋，靠的却仅是一小截树枝。

试想，如果小鸟衔的不是树枝，而是把鸟窝和食物等所有的用品一股脑儿全带在身上，那小鸟还飞得起来吗？

根据上述材料作文，要求自定立意，自拟题目，自选文体（诗歌除外）；不要脱离材料的内容与含意范围作文，不少于800字。

作为一个理科生，看到这个题目的时候，我立刻石化了，立即想起了我的物理老师教给我的知识。

让一只鸟叼着树枝飞越太平洋！一个人得有什么样的极品智商，才能编出这样的故事呢？

我不知道命题老师找的这只鸟是如何威猛，如何神奇。一个正常人的思维却让我不得不怀疑一些东西。我不跟你计较，一只叼着树枝的鸟，如何跟同伴打情骂俏；我不跟你计较，一只不会游泳的鸟，如何踩着树枝捕鱼；我也不跟你计较，太平洋的海浪会不会打翻树枝。我只问你一个问题：你知道，究竟多粗的一根树枝，才可以让一只鸟浮在水面上？铁丝那样粗的，还是筷子那样粗的？

请允许我教给你一个关于浮力的公式，如果你想让一块木头能载动一只鸟，那么需要符合如下条件：

木头产生的浮力＝木头本身的重力＋鸟的重力

为了能让木头发挥最大的作用，我们假设木头恰好被完全踩到水面以下。那么可以得出这样的结论：

水的密度 × 木头的体积 × 重力加速度＝木头的密度 × 木头的体积 × 重力加速度＋鸟的重量 × 重力加速度

合并同类项并简化之，得出：

木头的体积 ×（水的密度－木头的密度）＝鸟的重量

水的密度约为 1000 千克 / 立方米，而木头的密度在 400 千克 / 立方米 ~ 750 千克 / 立方米之间，我们权且当这只鸟很聪明，找了比较轻的一种木头，木头的密度按 500 千克 / 立方米算。可得出：

鸟的重量 / 木头的体积＝ 500 千克 / 立方米

简单来说，就是这样的结论：

如果鸟是 1 千克重，那么，木头的体积＝ 1/500 立方米＝ 0.002 立方米－ 2 立方分米

2 立方分米是什么概念呢？我们常见的砖头，大约两块！1 千克重的鸟是什么概念呢？这么说吧，一只普通的母鸡一般 2 千克重，1 千克重的也就是一只小雏鸡。

一只小鸡那样大小的鸟，衔得动两块砖头大小的木块或者说是一根胳膊那么粗的木棒吗？

命题老师可能会说他的鸟大，鸟大分量也重啊！那可能要衔的就不是胳膊那么粗的木棒了，而是一根柱子了。

总之，科学告诉我，不管是什么鸟，都不会选择叼着树枝飞越太平洋。如果一定要这么干，那肯定是一只傻鸟——淹死在太平洋里喂鱼的傻鸟。建立在这个傻鸟故事上的傻鸟道理，我一定不会相信，你会信吗？

·摘自《读者》（校园版）2015 年第 12 期·

把鸡改造成恐龙

阿 碧

在好莱坞制片人米克·埃贝林的日程表上，看到科幻片中那些可爱的小恐龙，你是不是也想养一只小恐龙当宠物？这并非异想天开，科学家们正在努力把鸡通过基因改造的方法培育成恐龙。或许十几年之后，我们在花鸟市场上就可以买到宠物恐龙了。

让鸡退化成恐龙

如何培育出一只恐龙？科学家们能想到的最直接的办法，是找到恐龙的原始基因。比如，在美国科幻影片《侏罗纪公园》中，生物学家哈蒙德博士召集大批科学家，利用凝结在琥珀中的史前蚊子体内的恐龙血液提取出恐龙的基因，结果复制了一大批恐龙，并使整个努布拉岛成为恐龙生活的乐园。

然而，要真正找到可以提取恐龙基因的血液或者其他肌体组织，简直比登天还难。恐龙生活于距今两亿年到 6500 万年前，经过了数千万年，这些史前庞然大物的尸体早已消失殆尽，我们只能通过化石来推测它们的模样。科学家们试图从化石中寻找，或是从琥珀中寻找，或是从泥沼里寻找，或是从冰川里寻找，但迄今还没有人找到真正能提取恐龙基因的肌体组织。

难道人们企图让恐龙复活的任务真的难以完成了吗？近年来，科学家找到了一种新方法——让现有的动物退化。我们知道，生物都是在逐渐进化的，但是在一些新生动物的身上出现了返祖现象，那是因为基因退化了。鸡是由 1 亿年前的一种史前肉食恐龙进化而来的，采用基因技术就可以让鸡快速退化成恐龙。

小鸡长出恐龙嘴

这项研究的负责人是美国蒙大拿州立大学的古生物学教授杰克·霍纳，他将正在培育的恐龙命名为"鸡恐龙"。霍纳教授表示，自然界的返祖现象是一种较慢的且不可控的退化，而利用基因技术则可以让动物快速退化。

这项基因技术被称为"逆向基因工程"技术，也就是朝进化的反方向来改造鸡的基因。鸡的遗传物质中包含着恐龙祖先的基因记忆，一旦这个基因记忆的开关被"打开"，小鸡体内长期处于睡眠状态的恐龙特征就将被唤醒。

当然，要把一只鸡改造成一只恐龙绝非易事，它不可能在几个月或几年之内实现，更不可能像变魔术那样瞬间就可以实现，而是需要一步一步地来完成。毕竟，在自然界中从一个物种演化为另外一个物种，少则要数万年，多则要数千万年。

好在现在的科学家们有了"逆向基因工程"技术，我们不需要等那么长时间了。说起来比较简单，做起来却不容易。经过7年的秘密实验，科学家终于在最近把鸡的嘴巴改造成了恐龙的嘴巴。也就是说，他们制造出了一只长有恐龙嘴的小鸡。

小鸡逐渐变成恐龙

在制造出长有恐龙嘴的小鸡后，科学家们接下来的任务就是逐步唤醒小鸡体内的恐龙基因，让小鸡的器官逐步变成恐龙的器官。首先要唤醒的是牙齿基因。我们知道，鸡是没有牙齿的，而影视剧中的素食恐龙长有细密的牙齿，因此，科学家们要让"鸡恐龙"也长出牙齿来。

接下来还要改造尾巴，让鸡尾变成灵活摇摆且无毛的恐龙尾巴。还要把鸡的翅膀改造成短而尖锐的一对前腿，后腿用于站立，前腿用于刨食。恐龙自然没有那么多鸡毛，科学家们将"敲除"小鸡的一些毛发基因，给它们留下少量的绒毛。这样一来，一只公鸡就变成一只可爱的恐龙了。如果牵着它逛街，那是不是很拉风啊？

霍纳教授不是科幻片中那些试图颠覆世界的科学怪人，他认为自己的研究很严肃，可以和"登月计划"相媲美。霍纳教授相信，第一只"鸡恐龙"有望在未来5年至10年内诞生，而他的最终梦想是培育出一只真正的史前恐龙。

霍纳教授说："如果你真的期待我们能制造出恐龙宠物，那么，我们将来也许可以满足你的愿望。严格地说，我们正在做的事情并非是培育宠物，而是复原古生物和那些已经灭绝的珍稀动物，让我们的世界恢复更加多样化的生态环境。"

意想不到的恐龙秘事

严晓飞

第一只恐龙是个小矮子

如果我们回到霸王龙、三角龙、梁龙还活着的时候，那么我们只能躲在黑暗的角落里生活，因为和这些恐龙比起来，我们太矮小了。但是如果这些恐龙的祖先来到现在，那么它们见到人类恐怕要绕道走了，因为它们可能比人类小很多——只有猫那么大！

目前始盗龙被认为是最古老的恐龙之一，而在始盗龙出现之前还有一种被称为"恐龙形态类"的动物，其中包括生活在大约 2.31 亿年前、和猫差不多一样大的兔蜥。科学家认为恐龙形态类动物与原始恐龙之间有着密切的关系，它们的外形和大小应该非常相似。这是不是很让人惊讶？高大恐龙的祖先居然只有猫那么大！

现代的恐龙近亲很迷你

如果告诉你，现在地球上还有恐龙的亲戚，你信吗？

2007 年，美国的科学家发现，霸王龙和普通的鸡竟然是亲戚！刚开始很多人都不相信这是真的，不过后来科学家又做了很多研究，结果都证明，鸡和曾经的地球霸主恐龙真的是近亲。

最初的恐龙翅膀只是摆设

大多数恐龙的外皮都像鳄鱼或者蜥蜴的一样，只有少数像恐爪龙这样的才有羽毛。奇怪的是，长羽毛、有翅膀的恐龙居然不会飞，那么，它们带羽毛的翅膀是做什么用的？

起初恐龙身上长的是毛发，就像我们的头发一样，但是更粗，这可能起了保暖的作用。之后一些小型的食肉恐龙身上的毛发进化成了更宽的羽毛状，渐渐地变得像现代鸟类身上的羽毛。这些羽毛长在恐龙的双臂和腿部，后来双臂进化成了翅爪（长着爪子的翅膀）。不过，这些恐龙的翅膀还是不足以让它们飞起来，比如似鸟龙就飞不起来。所以，恐龙有羽毛的翅膀只是吸引异性和吓唬敌人的工具。

恐龙会飞实属偶然

在侏罗纪中晚期，一些赫氏近鸟龙在树上活动，它们从一根树枝跳到另一根树枝上。突然有一天，它们发现自己的翅膀扑闪扇时，居然能让自己长时间保持不落下地面，还能从树上滑翔到地面。经过长期进化，它们学会了飞行，将活动领域扩大到了空中。科学家猜测，会飞的恐龙可能就是这样偶然进化来的。

恐龙的叫声不威猛

恐龙对着我们大吼，我们的耳朵会不会被震得嗡嗡响？可能不会。

科学家通过扫描副栉龙的头骨，模拟出了这种动物的叫声，结果发现，副栉龙的喉咙和鼻子居然和它们头上那个奇怪的头冠是相连的。当它们想发出声音时，会让空气在头冠、鼻子和嘴巴之间流动，然后制造低频的"隆隆"声，这个声音我们听不到。

霸气的霸王龙的叫声总该很大了吧？科学家认为，大型恐龙可能不像人类一样有声带，它们的发声器官可能更像鸟类，所以它们平时可能闭着嘴，通过肺部的压力使脖子一鼓一鼓地发出"咕咕"的叫声。如果真是这样，那么愤怒的霸王龙再怎么大声叫，也只能发出"咕咕"声。

霸王龙的小手臂

成年霸王龙能长到 13 米，是高大威猛的食肉机器，但是它们的前肢却比一个成年人的身高还短，看起来很不协调。霸王龙的小短手是做什么用的？

霸王龙的前肢虽然很短，但是强壮有力，它们应该有特殊的用途，不然早就被淘汰了。有人认为它们短小的前肢在捕猎和对抗敌人时，能更灵活地控制对手。也有人认为，它们短小的手臂可以让它们在交配时更好地抓住配偶；另外，短小的手臂便于将食物送入口中。

不过现在还没有最终的答案，也许在不久的将来，通过先进的计算机模拟，我们能够找到霸王龙短小手臂的作用。

慈母龙家里的小秘密

慈母龙是一种很有爱的恐龙，科学家发现慈母龙很会规划建巢用地，它们会成群地居住在一个地方，但是它们的巢穴之间会留出约7米的空地。这些空地是做什么用的呢？原来，这是为它们的后代留出的建巢地——它们的后代长大之后，会在这些空地上建新的巢穴。

另外，慈母龙的孵蛋方式很特别，它们在巢中放上一些植物，蛋就借助这些植物腐烂之后产生的热量孵出来。所以相比于现代的鸟类，成年恐龙即使在恐龙宝宝的孵化期，也有更多的自由时间。

混在恐龙堆里的假恐龙

翼龙用了1亿多年的时间才在天空占据主导地位。它们通常被认为是会飞的恐龙，但严格来说，翼龙并不是恐龙。翼龙是已知的最早进化出飞行能力的爬行动物，"会飞的爬行动物"这个身份让它们很特别。

首先，翼龙虽然被归于爬行动物，但它们是最不像爬行动物的爬行动物。为了适应飞行的需要，它们进化出恒定的体温，拥有较高的新陈代谢水平、发达的神经系统以及高效率的循环和呼吸系统。

其次，作为会飞的动物，翼龙与现代鸟类、蝙蝠这些会飞的动物竟然没有半点关系。翼龙身上没有羽毛，体形比较大，因此不能灵活飞行，只能滑翔。在陆地上行走时，它们也与其他飞行动物很不同，它们通常用后肢和与翅膀相连的前肢爬行。想象一下，一只有翅膀的动物四脚着地爬行是不是很奇怪？

恐龙灭绝，是因为孵蛋时间太长吗

唐小棱

中国有句老话说得好："慢而稳，事必成。"不过，如果恐龙能够活到现在，它们或许会说，有的时候，尽早完事才是更好的选择。

在《美国科学院院报》上发表的一项研究表明，恐龙蛋的孵化时间可能需要 3 ~ 6 个月，而现代鸟类及爬行动物的孵化期只有它们的一半。

该项研究称，漫长的孵化期为恐龙带来了极大的劣势。不论是洪水还是干旱等极端天气情况下，需要的孵化时间越长，最终破壳而出的幸运儿就越少。

推断恐龙蛋孵化期的方法是看牙齿。包括人类在内的所有动物的牙齿上，都有牙本质生长线，而牙本质生长线是在胚胎发育过程中出现的。20 世纪 90 年代中期，佛罗里达州立大学的科学家在研究霸王龙牙齿的时候，发现恐龙也有牙本质生长线。

牙本质生长线就像树的年轮一样，它们每隔一天就会出现一条线。因此，通过生长线的数量，能够直接计算出恐龙的生长时间。

该研究的样本来自安氏原角龙所产下的 12 枚蛋，以及亚冠龙胚胎的一颗牙齿。安氏原角龙的体型跟猪差不多，亚冠龙要更大一些，与现代动物的体型相近，这样更好作比较。

研究者用 CT 扫描仪和高分辨率显微镜等高科技仪器检查了恐龙牙齿上的牙本质生长线，计算出了牙本质生长线的数量，发现这些恐龙的孵化期非常长。

安氏原角龙的蛋在死亡时已经有 3 个月，而亚冠龙的蛋已经有 6 个月了，在如此长的时间里却依旧没有孵化出来。而在今天，鸟类的进化策略就显得精明多了，那就是尽可能一次性下几枚大蛋，并且将孵化时间缩短到 11 天至 85 天。

时间越长，出现意外的可能性就越大，恐龙蛋的孵化时间着实令人着急啊！不过，考虑到研究材料的稀有性，科学家目前只是了解了鸟臀目恐龙蛋的孵化期，而像霸王龙和迅猛龙等大型恐龙蛋的孵化期是什么情况就不得而知了，毕竟恐龙蛋不是那么容易弄到的。

所以，如果你发现了恐龙蛋，请将它们交给科学家吧，他们找蛋找得真的很辛苦呢。

乌龙是一条狗

杨仲凯

夏至是一年中白天最长的一天，但也没有人们的等待漫长。这一天，很多人都等着看球。从 6 月 21 日的白天一直等到晚上，一位朋友给我打来电话说："嘿，闹了个乌龙，看错时间了，巴西的第二场球是 22 日晚上踢，白等了一晚。"

在刚才的这个语境里，"乌龙"就是弄错了的意思。实际上，乌龙起初并不是这个意思。乌龙本来指的是黑狗，白居易有诗："乌龙卧不惊，青鸟飞相逐。"描写的就是一条黑狗。但也有人说，乌龙只是狗的名字，是不是黑的，就不一定了。于是，"乌龙"这个词就有了稀里糊涂的含义。乌龙是一条狗呢，还是一条黑狗呢，"傻傻分不清楚"。

在足球世界里，乌龙也叫乌龙球，指的是足球运动员失误了，把球踢进自家球门。这种情况，英语中叫作"owngoal"，和粤语的"乌龙"发音类似。后来香港足球记者就用"乌龙"来翻译把球踢进自家球门这种情况，这才慢慢传播开来。

足球比赛中的乌龙球是比赛的一部分，有独特的魅力和故事。在统计进球数时，有几个乌龙球，也是要单独列出的。在世界杯的历史上，有很多著名的乌龙球，最严重的引发了枪杀事件。有的乌龙球非常诡异，在距离自家球门很远的地方，竟然就匪夷所思地进了——就算是特意打门，也是很难打进去的。

然而，搞错了，闹笑话了，其实没啥大不了的——谁没有过这样的时刻：打错了电话，搞错了车次，甚至吃错了药。对此，及时纠偏纠错也就是了——把自家球门里的球捡起来，再大脚开出去。

另外呢，生活中并非没有这样的可能：无心插柳，歪打正着，世界很大，道路很多。忘记了怎样做馅饼，却发明了比萨；弯道超车，绝地反击。想起中国国家队首位外教施拉普纳很玄乎的话：如果你不知道往哪里踢，你就往球门里踢——注意喽，是对方的球门。

·摘自《读者》（校园版）2018 年第 18 期·

白垩纪天空的统治者——风神翼龙

蔡　沁　邱幼华

竖起无名指飞翔

在脊椎动物进化史上，只有三个家族把前肢演化成翅膀，真正掌握了飞行的技巧，它们分别是翼龙、鸟类和蝙蝠。其中在 2.28 亿年前的三叠纪晚期出现的翼龙，更是统治天空超过 1.6 亿年。一些书上常说"翼龙是一种会飞的恐龙"，这是一个错误的说法。其实，翼龙只是恐龙的近亲，它们的祖先都是原始的爬行动物。

早在 18 世纪末，恐龙还未被发现，但第一具翼龙化石就已经在德国出土。由于当时的人们从未见过如此奇特的动物，不少人甚至猜测它们生活在海里。随着越来越多的翼龙化石被挖掘出来，科学家发现它们的四肢像蝙蝠一样连着薄膜，便将它们归为一种具有飞行能力的史前爬行动物。

和鸟类的羽毛翅膀不同，翼龙和蝙蝠的翅膀均由翼膜构成，但它们翅膀的骨骼结构大不相同。蝙蝠的第一指（相当于人类的大拇指）保留了爪子形态，另外四根指头细长，与延长的掌骨撑起翼膜。而翼龙的第一、二、三指都有指爪，第四指极长，第五指则完全退化了。

在我们人类的手上，无名指是最不灵活的手指，翼龙却是竖起长长的无名指翱翔天际。而且，大多数翼龙的无名指分为四节，能像人类手指一样弯曲，所以在地面休息时翅膀能折叠起来。在飞行过程中，翼龙能通过指骨调节翅膀的形状，从而控制气流获得升力。

中美洲的"羽蛇神"

1971年，美国得克萨斯大学的学生劳森，在得克萨斯州和墨西哥交界处的大湾国家公园进行地质考察时，意外发现了一根翼龙指骨的化石。劳森很快联系了自己的老师兰格斯顿，接着他们一起发掘出大量的化石残片。结果，一个大得惊人的巨型翼龙化石逐渐出现在他们的面前。他们保守估计，这只翼龙的翼展可达11米，甚至超过了当时美军研制的F-16战斗机。

在给这只空中巨兽起名时，兰格斯顿觉得必须用一个霸气的名字才能配得上巨兽的体形。他灵光一现，想起了中美洲文明普遍信奉的最高神灵——羽蛇神。羽蛇神是奥尔梅克文明、阿兹特克文明和玛雅文明中的风神，在古代壁画上的形象是一种长着鸟羽的响尾蛇。在传说中，羽蛇神主管丰收和降雨、星辰和天文，是尤卡坦半岛重要的神灵之一。于是，兰格斯顿就用"羽蛇神"这个神灵的名字来命名这种巨型翼龙。在我国，这种巨兽被译为风神翼龙。

身轻骨健的高个子

由于巨型翼龙的骨骼化石极易破碎、难以保存，所以人们至今还未发现一具完整的巨型翼龙化石标本。所以科学家在推测大型翼龙的体形时，只能根据化石数量较多的翼龙，如无齿翼龙，将其身体比例套用到残缺的大型翼龙上进行估算。可是每个科学家的计算方法不同，因此，数据可能会出现偏差。一开始，科学家估计风神翼龙的翼展可达15.5米，但最新的研究显示，它的翼展只有10~12米。

关于风神翼龙的体重，人们也一直争论不休。起初，美国航空专家根据风神翼龙的翼展，估算出它的体重大概只有100千克。但有人很快提出异议：拥有这么大的翅膀，却只有100千克的体重，别说是飞行，就是站也站不住。又有学者估算出风神翼龙的体重约为544千克，但很快也被否定：这么"胖"的身材，就算是有再强悍的肌肉也克服不了地心引力，它怎么能飞起来呢？最终，经过精密的计算，科学家们达成共识，认为成年风神翼龙的体重在180~250千克之间。

风神翼龙的身高接近长颈鹿的身高，长颈鹿的体重却超过1吨，如此高大的风神翼龙的体重为什么这么轻？答案就在它们的骨头里。风神翼龙的骨骼中空，含有极薄的骨梁，形成轻巧的蜂窝结构。这种结构不仅能够大大减轻体重，还能提高骨骼的韧性。

翱翔的技巧

风神翼龙的前肢附着有健壮的肌肉，其重量占到了体重的1/4。风神翼龙发达而强壮的翅膀可以帮助它们支撑身体和行走。起飞时，它们会用前肢和后肢用力撑地，依靠地面的反作用力把自己"推"上天空，再张开翅膀腾空而起。

过去，人们常常认为翼龙的翼膜只是薄薄的一层皮，但科学家对翼膜化石进行研究后发现，翼膜其实很坚韧。翼膜上下各有一层角质层，中间分布着丰富的血管和强健的肌肉纤维，使得翼膜不仅坚韧，而且弹性很好。这样结实的翅膀可以让翼龙经得住风吹雨打，并且翼膜不会轻易被划破。

科学家推测，风神翼龙的飞行方式可能和今天的信天翁或者兀鹫类似，因为它们都长有大得夸张的翅膀。信天翁和兀鹫擅长利用上升的热空气在空中长时间停留，也不用扇动翅膀。这种不同于其他鸟类的飞行方式，被称为翱翔。风神翼龙也有振翅飞翔的能力，不过借用上升的热空气来翱翔，能有效地节省体力。

死亡之喙

除了高挑的身材和巨大的翅膀，风神翼龙还长有一个细长的脑袋。它的头骨长约 2.5 米，嘴中没有牙齿，但颌骨边缘锐利，上面覆盖着坚硬的角质层。这是风神翼龙的致命武器，被科学家称为恐怖的"死亡之喙"。

风神翼龙被发现之初，人们认为它那长长的喙是用来捕鱼的。但通常捕鱼翼龙的化石都是在海洋地层中被发现，风神翼龙却发现于距离海岸线 400 千米的内陆湿地平原，和陆生的恐龙们埋藏在一起。尖锐的喙、居住在内陆，根据这些特点，科学家冒出一个想法：难道风神翼龙是以猎杀恐龙为生的？

科学家的猜想不无道理，当风神翼龙扭动脖子、挥舞利喙猛刺时，足以刺穿恐龙的皮肉。科学家推测，风神翼龙和非洲大草原上的兀鹫一样，都是先在空中盘旋搜寻动物尸体，一旦发现目标就着陆，凭借巨大的体形赶走其他掠食者从而大饱口福。如果没有动物尸体，风神翼龙会攻击陆地上的小型恐龙，恐龙巢穴里的恐龙蛋更是不会被放过。

但再高超的猎人也有失手的时候，在加拿大发现的一根风神翼龙的指骨里深嵌着一颗蜥鸟盗龙的牙齿，说明它有可能是被蜥鸟盗龙杀死的。生活在同一地区的霸王龙也经常拿稍显笨拙的风神翼龙当零食。可见，风神翼龙这个天空霸主到了陆地上，还是不得不向凶狠的兽脚类恐龙低头。

繁荣的风神家族

在白垩纪晚期的天空，风神翼龙并不孤独。20世纪80年代后期，科学家又陆续发现了阿氏翼龙、包科尼翼龙和哈特兹哥翼龙。它们和风神翼龙都属于神龙翼龙科这个大家族。其中，在罗马尼亚发现的哈特兹哥翼龙，翼展超过11米，是目前发现的最大的飞行动物。

神龙翼龙科是较晚出现的翼龙家族，在1.08亿年前的白垩纪早期才出现。但它们在几百万年的时间里，体形迅速变大，一跃成为白垩纪天空的绝对统治者。

神龙翼龙家族的成员都是清一色的大型翼龙，就连体形稍小的翼龙，翼展都有三四米。它们都长着修长的脖子和坚硬的长喙，是一类凶猛的掠食动物。哈特兹哥翼龙是欧洲岛屿上的顶级掠食者，它们让翼龙家族登上了食物链的顶端。

它们从天而降，让海岛上的那些恐龙猝不及防，登陆之后大开杀戒，势不可当。

神龙翼龙家族在白垩纪广泛分布于北美洲、欧洲、非洲和亚洲。值得一提的是，科学家在我国浙江省临海市发现了属于神龙翼龙科的浙江翼龙。它不仅是目前我国发现的唯一生活在白垩纪晚期的翼龙，更是已知神龙翼龙科中最完整的化石标本。

空中王者的末日

到了白垩纪末期，全球气温明显降低，平均下降了10℃。全球变冷改变了洋流，导致了风速急剧变化。没有了稳定的风速，大型翼龙的巨翅就无用武之地，它们被迫生活在危险的陆地上。原本不可一世的空中王者，无法再自由地飞翔，不得不面对难以捕捉的猎物和虎视眈眈的掠食者。

自此，风神翼龙的种群数量开始不断减少。

科学家推测，到了6550万年前，一颗小行星撞击地球，让包括风神翼龙在内的所有翼龙，连同恐龙一起在地球上消失了。

·摘自《读者》（校园版）2019年第7期·

源自动物的仿生技术

公 子

塑料涂层（偷学对象：鲨鱼）

细菌感染恐怕是最令医院头疼的一件事：无论医生和护士洗手的频率有多高，他们仍不断将细菌和病毒从一个患者传递到另一个患者身上，尽管不是故意的。事实上，美国每年有多达 10 万人死于他们在医院感染的细菌疾病。但是，鲨鱼却可以让自己的身体长久保持清洁。

与其他大型海洋动物不同，鲨鱼的身体不会积聚黏液、水藻和藤壶（藤壶是一种有极强吸附能力的小型甲壳动物）。这一现象给工程师托尼·布伦南带来了无穷的灵感，在对鲨鱼皮展开进一步研究以后，他发现鲨鱼整个身体上覆盖着一层凹凸不平的小鳞甲，就像是一层由小牙织成的毯子。黏液、水藻在鲨鱼身上失去了立足之地，而这样一来，大肠杆菌和金黄色葡萄球菌等细菌也就没有了栖身之所。

一家叫 Sharklet 的公司对布伦南的研究很感兴趣，开始探索如何利用鲨鱼皮的研究开发一种排斥细菌的涂层材料。该公司后来基于鲨鱼皮开发出了一种塑料涂层，目前正在医院患者接触频率最高的一些地方进行实验，比如开关、监控器和把手。迄今为止，这种技术看上去确实可以赶走细菌。

音波手杖（偷学对象：蝙蝠）

这听上去就像一个糟糕的玩笑的开头：一位大脑专家、一位生物学家和一位工程师走进了同一家餐厅。然而，这种事情确实发生在英国利兹大学，几个不同领域的专家的突发奇想，最终导致音波手杖的问世。这是一种供盲人用的手杖，在靠近物体时会振动。这种手杖采用了回声定位技术，而蝙蝠就是利用同样的感觉系统去感知周围环境的。音波手杖能以每秒6万赫兹的频率发送超声波脉冲，并等待它们返回。

当一些超声波脉冲返回的时间超过别的超声波脉冲时，就表明附近有物体，引起手杖产生震动。利用这种技术，音波手杖不仅可以"看到"地面物体，如垃圾桶和消防栓，还能感受到头顶的事物，比如树枝。虽然音波手杖的信息输出和反馈都不会发出声音，使用者依旧能"听"到周围发生的事情。尽管音波手杖并未出现顾客排队购买的景象，但美国和新西兰的几家公司目前正试图利用同样的技术，开发出适销对路的产品。

新干线列车（偷学对象：翠鸟）

日本第一列新干线列车在 1964 年建造出来的时候，它的速度达到约 193 千米／小时。但是，如此快的速度却有一个不利影响，即列车驶出隧道时，总会发出震耳欲聋的噪音。乘客抱怨说"有一种火车被挤到一起的感觉"。

这时，日本工程师中津英治介入了这件事。他发现新干线列车总在不断推挤前面的空气，形成了一堵"风墙"。当这堵墙同隧道外面的空气相碰撞时，便产生了震耳欲聋的响声，这本身就对列车施加了巨大的压力。中津英治在对这个问题仔细分析之后，意识到新干线必须要像跳水运动员入水一样"穿透"隧道。为了获取灵感，作为一位业余鸟类爱好者，他开始研究善于俯冲的鸟类——翠鸟的行为。翠鸟生活在河流湖泊附近高高的枝头上，经常俯冲入水捕鱼，它们的喙外形像刀子一样，从水面穿过时几乎不产生一点涟漪。

中津英治对不同外形的新干线列车进行了实验，发现最能穿透那堵风墙的列车外形几乎同翠鸟喙的外形一样。现在，日本的高速列车都具有长长的像鸟喙一样的车头，令其相对安静地离开隧道。除此之外，外形经过改进的新干线列车的速度比以前快了 10%，能效利用率高出 15%。

风扇叶片（偷学对象：驼背鲸）

美国宾夕法尼亚大学西切斯特分校流体动力学专家、海洋生物学家弗兰克·费什教授表示，他从海洋深处找到了解决当前世界能源危机的办法。费什注意到，驼背鲸的鳍状肢可以从事一些看似不可能完成的任务。

驼背鲸的鳍状肢前部具有垒球大小的隆起，它们在水下可以帮助鲸轻松地游动。但是，根据流体力学的原则，这些隆起应该会是鳍的累赘，但在现实中却帮助鲸游动自如。

于是，费什决定对此展开调查。他将一个 3.65 米长的鳍状肢模型放入风洞，看它如何挑战我们对物理学的理解。费什发现，那些名为结节的隆起使得鳍状肢更符合空气动力学原理：它们排列的方式可以将从鳍状肢上方经过的空气分成不同部分，就像是毛刷穿过空气一样。费什的发现现在被称做"结节效应"，不仅能用于各种水下航行器，还被应用于风机的叶片和机翼。

根据这项研究，费什为风扇设计出边缘有隆起的叶片，令其空气动力学效率比标准设计提升了 20% 左右。费什技术的更大用途也许是用于风能开发。他认为，在风力涡轮机的叶片上增加一些隆起，将使风力发电产业发生革命性的变革。

在水面行走的机器人（偷学对象：蛇怪蜥蜴）

蛇怪蜥蜴常常被称为"耶稣蜥蜴"，这种称呼还是有一定道理的，因为它能在水上行走。很多昆虫具有类似的本领，但它们一般身体很轻，不会打破水面张力的平衡。体形更大的蛇怪蜥蜴之所以能上演"水上漂"，是因为它能以合适的角度摆动两条腿，令身体向上挺、向前冲。2003 年，卡内基梅隆大学的机器人技术教授梅廷·斯蒂正从事这方面的教学工作，重点是研究自然界里的机械力学。当他在课堂上以蛇怪蜥蜴作为奇特的生物力学案例时，突然受到启发，决定尝试制造一个具有相同本领的机器人。

这是一项费时费力的工作。机器人发动机的重量不仅要足够轻，腿部还必须一次次地与水面保持完美的接触。经过几个月的努力，斯蒂教授和他的学生终于造出了第一个能在水面行走的机器人。尽管如此，斯蒂的设计仍有待进一步完善，因为这个机械装置偶尔会翻滚并沉入水中。在他克服了重重障碍以后，一种能在陆地和水面奔跑的机器人便可能看到光明的未来。我们或许可以用它去监测水库中的水质，甚至在洪水期间帮助营救灾民。

·摘自《读者》（校园版）2012 年第 15 期·

蜘蛛丝真的可以拉停火车

佚 名

《蜘蛛侠》系列电影里面有不少的镜头都让我们感到不可思议，比如彼得·帕克第一次发现自己有超能力时，从一个小巷的墙壁爬上去的镜头，还有其利用蜘蛛丝在城市大厦间穿行的画面，甚至是蜘蛛侠垂直倒挂跟玛丽·简接吻的片断，都留给了我们不小的震撼。但是最让笔者惊讶的还是在《蜘蛛侠2》中，帕克利用射出的蜘蛛丝将一列失控的地铁硬生生拉停，避免了地铁坠落，挽救了成百上千人的性命。这一切在我们看来有些匪夷所思，认为这不过是影片里的一个过度夸大的情节罢了，但偏偏就有人这么较真，还真的研究了其原理，发现这个举动是有可能实现的！

较真的物理系学生

来自英国莱斯特大学的物理系学生,年仅 21 岁的艾力克斯·斯通表示,我们经常听说蜘蛛丝的强度比钢丝还要高,但我们今天要做的就是将其放大,以此来测试蜘蛛丝是否有如此高的强度可以拉停火车。我们测试出来,这种情况是有可能实现的。

他们以纽约的地铁为例,假设地铁里有 1000 人乘坐,并以最高速度行驶,经过计算后发现,想要拉停这样一列全速前进的地铁,必须要有 30 万牛顿的力量。也就是说蜘蛛丝必须能承受住 30 万牛顿的力量才行,这就相当于每立方米蜘蛛网的韧性强度必须达到 500 兆焦才能完成任务!

达尔文发现树皮蜘蛛

那么有如此强度的蜘蛛丝到底存不存在呢?经过斯通和同事们寻找后发现,这种蜘蛛丝还真的存在。产生这种蛛丝的蜘蛛叫"树皮蜘蛛",而第一个发现这种蜘蛛的人就是大名鼎鼎的达尔文。

这种树皮蜘蛛吐出的蛛丝在强韧度上是芳纶纤维(一种人造纤维,强度是钢丝的 5 倍至 6 倍,韧度是钢丝的 2 倍)的 10 倍。有了这些数据作为支持,他们认为蜘蛛侠的蜘蛛网拉停地铁这件事是具有科学根据的。目前,这份研究报告发表在了英国莱斯特大学的《特殊物理主题》上。

美国研制出蜘蛛丝复合纤维

近期,美国克莱格生物工艺实验室的研究人员宣布,在多方配合下,他们利用蜘蛛丝基因链,成功地研制出一种新型的结构重组型蜘蛛丝,被称为"大红"纤维。

"大红"纤维是他们在实验室里精心开发的混合型纤维。这种新型的纤维将蜘蛛丝蛋白、蚕丝蛋白和其他相关物种蛋白结合在一起。它与蜘蛛丝具有明显的区别。它的比重强度非同一般，它之所以"红"，是因为这种结构重组的纤维属于一种新型纤维。其内部细胞结构经重组后机械性能很强，具体地说，就是拉伸强度很大，弹性极好。因为性能良好，它已经被应用于商业化的专用管线结构中。"大红"纤维的问世标志着新型纤维纺织品即将诞生。

蜘蛛丝的新用途

蜘蛛丝是自然界的超级材料。这些看起来很柔软的细丝，其强度已经超过钢铁，硬度超过凯夫拉（编者注：美国杜邦公司研制的一种芳纶纤维材料），而且具有非常好的弹性。正因为蜘蛛丝的这些特性，科学家们一直在探索如何把它应用到医学和军事方面。

一些科学家发现，蜘蛛丝和光纤电缆一样，可以用来传输信息。科学家们通过测试发现，光信号在蜘蛛丝中与在光纤电缆中一样容易传播。研究人员在一块集成电路芯片上对激光在蜘蛛丝上的传输进行了实验，结果发现，蜘蛛丝和玻璃光纤电缆的功能是一样的。这意味着它能够在电子设备上传输信息。不过，利用蜘蛛丝传输会造成信息丢失，只有通过增加涂层和进一步开发，蜘蛛丝才能够获得更好的信息传输能力。

科学家的这个发现，在医学上有着重要的意义。比如，使用蜘蛛丝携带光源，在患者身体内部制作图像。由于蜘蛛丝非常细，医生在做诊断的时候，只需在患者身上切开一个很小的口子。

不过，蜘蛛丝难以进行大规模生产，科学家们考虑使用蚕丝替代它，因为它拥有蜘蛛丝的许多特性。马萨诸塞州塔夫茨大学的生物医学教授

Fiorenzo Omenetto 认为，生物丝是无害的，身体不会对它们产生不良反应。他认为，在未来，医生们将可以配备电子功能的生物丝植入病人体内。病人无需担心这种监控设备的情况，因为人体可以吸收这种材料。

·摘自《读者》（校园版）2013 年第 13 期·

龙虾理论上是能永生的，只是它们偏不

【英】吉姆·查普曼

吕同舟 编译

你有没有盯着一只龙虾好奇地琢磨过，到底是什么让一种生物长得这么像外星来客？你是否曾经好奇，如果这种生物最终统治了地球，我们的生活会变成什么样？

想听点儿诡异的知识吗？理论上来说，从生物学的角度分析，有一种生物是可以永生的。

如果它们不被捕食，不被饿死，不被疾病折磨，也没有被卷入什么可怕的灾难之中，一生平平淡淡，那它们就可以永生不死。但它们偏不。

这种生物就是龙虾。

大多数生物，会在生命的第一阶段内，不断成长直到成熟期为止。紧接着停止体形的增长，并且开始步入一段枯燥乏味而漫长的、等待死亡的旅程。

但这种情况，并不适用于我们这位生活在水底的甲壳纲动物朋友，龙虾会一直生长，并且这种生长会伴随其一生。

我们的细胞，以及细胞内的 DNA，为了生长，需要不断复制自己。

但人类身体中大部分的细胞只能复制 40~70 次，之后这些细胞就达到了自己的生理极限，并开始衰老。

我们可以用鞋带来类比。如果鞋带前端那一小截塑料片磨没了，鞋带就会散开，再想穿进鞋子的鞋带孔里，就难于登天了。

我们的 DNA 也有一个类似塑料片的东西，叫作"端粒"，它的作用就是防止 DNA 因为结构解体而在复制的时候造成信息紊乱。

每当细胞自我复制的时候，这些端粒都会被磨损一点儿。等到这些端粒被磨损到彻底无法支持复制，你就要基于这时的身体机能，过好往后的日子了。

而龙虾的神奇之处就在于，它们的端粒在细胞复制过程中，似乎一点儿也不会被磨损。这也就意味着，它们可以一直保持在生长阶段，并永葆青春。

既然龙虾不会因为衰老而死亡，那为什么它们没能统治地球呢？为什么它们没有在数量上压制人类，并且转而把人类煮来吃呢？

一部分原因，要么是在它们所处的生态环境之中，有各种各样体形更大、牙齿更锋利的猎食者存在，或者有某种会使用渔网的生物想要捕食它们；要么就是缺乏足够维持它们永生的食物资源，并且这个世界本身就充斥着各种细菌和病毒。

答案的另一部分，则源于它们一生都处于生长期。

"一直在生长又有什么问题呢？"你可能会有这样的疑惑。

当然了，如果一只龙虾真的能长到一辆公交车那么大，那估计这个世界上，没有哪种生物有足够的勇气去吃掉它。

不过，问题在于包裹它们身体的那层外骨骼。

当它们柔软的身体组织长大的时候，外骨骼内的空间就不够用了。这个时候，它们如果不想活活地把自己憋死在原有的外骨骼内，就只能蜕去旧的并且重新长一副外骨骼。

这个过程非常危险，因为随着它们体积的增大，蜕掉外骨骼的难度也会增加。

如果它们不能成功地蜕壳，就会把自己活活累死，或者会给自己留下永久性的疤痕，导致以后蜕壳的时候更加困难，也有可能就此受到细菌感染。

总之，假设它们没有天敌，生活在一个无菌的世界，它们的栖息地拥有可以随便吃到饱的"自助餐"，它们还研发出了某种蜕壳辅助机器。

这样的话，理论上来说它们是可以永生的，并且能够长到非常巨大的尺寸。

真要是那样，我们所有人都得去学"龙虾语"了，因为它们将是这个星球的主宰。

·摘自《读者》（校园版）2020 年第 2 期·

不会冬眠的鱼，大冷天都去哪儿了

王　洋

　　寒冬将至，候鸟飞去温暖的南方过冬，刺猬钻进温暖的洞穴，人类也穿上厚厚的冬衣御寒。河流和湖泊中的鱼儿都去了哪里？它们的冬天又是怎么过的呢？

鱼类并不会冬眠

　　鱼是变温动物，它们的体温会随着外界温度变化而升高或降低。和在冬天完全处于麻痹状态的哺乳动物、两栖爬行类动物不同，鱼并没有真正意义上的冬眠，它们只是会减少甚至停止进食，呼吸也会变得微弱；它们隐藏在水草或者岩石缝隙之间，有的还会成群结队地依偎在一起，相亲相爱地度过严冬。

在适宜的水温里才觉得舒适

　　肯定有人会问，冬天水都结冰了，鱼会不会被冻死呢？

在很多人的观念里，只要水够清澈，水质够好，鱼就可以生存下去。其实不然，水温对鱼的影响很大。

目前，全世界约有 2.4 万种鱼类。在自然选择和适者生存的双重作用下，分布在全世界各个水域中的鱼类，形成了能够在不同水温环境条件下生存的各种类型。因此水温是与鱼类的循环系统和呼吸系统关系最为密切，进而影响鱼类生存的重要因素。

一般来说，在一定范围内，较高的温度会使鱼生长较快，较低的温度则会生长较慢。这是因为，低温下鱼类神经激素分泌少，消化酶活性低。不过鱼类耐受高温比耐受低温更为困难，因为鱼体内的生物活性物质如蛋白质、酶等，在高温下会变性失活。大部分的鱼对水温的适应能力非常脆弱，水温急剧升降，会让鱼类因不能马上适应而死亡。

普通鱼类适宜的水温一般是 12℃~30℃，超出这个温度范围，它们的生存就会受到影响。然而，你完全不需要担心生活在自然界的鱼在冬天会因水温低而被冻死，因为不同的鱼对于温度的耐受范围完全不一样。既然鱼在它们各自的水域已经生活了上亿年，自然是 HOLD 得住水温变化的。

人们根据鱼类对水温的适应情况将鱼类分成三种：

冷水性鱼类

指那些能耐得住 –20℃的低温却受不住 20℃高温的鱼类，主要生活在我国黑龙江、乌苏里江流域，像虹鳟、达氏鲟、黑背条鳅（狗鱼）、大马哈鱼等都是冷水鱼。

暖水性鱼类

指生活在 20℃~40℃水温下的鱼类，罗非鱼、沙丁鱼、小黄鱼等就是很常见的暖水性鱼类。我们在花鸟鱼市场里见到的那些色彩斑斓的热带鱼也是暖水性鱼类。

温水性鱼类

相对于冷水鱼和暖水鱼，温水性鱼类在 10℃~30℃ 都活得很自在。我国大部分的鱼类属于温水性鱼类，四大家鱼"青、草、鲢、鳙"就是温水性鱼类。

除此之外，不同的鱼对温度的耐受性也不同。

广温性鱼类对温度的变化适应性很强，比如鲤鱼，耐得住 30℃ 的高温，在冰水里游泳也不会要了它的命，大部分温水性鱼类都是广温鱼类；而冷水鱼和暖水鱼都属于狭温性鱼类，它们都生活在水温变化幅度比较小的水域，温度一旦突变，就会危及它们的生命。

不过，只要温度没超出它们的耐受范围，鱼类还是可以继续自由自在地享受它们的冬季，不会感到任何不适。

低温下的鱼为何没结冰？

有小伙伴问了，0℃ 以下，鱼儿们难道不会结冰吗？尤其是生活在极地的鱼，它们不会被冻住吗？

事实上，生活在低温水域的鱼自然有对抗严寒的绝招，它们的血液里有一种物质叫"防冻糖蛋白"，越是处于高寒地区的鱼类，体内的"防冻糖蛋白"含量就会越高。

与降低水冰点的汽车防冻剂不同，"防冻糖蛋白"是通过物理的方式发挥作用的。"防冻糖蛋白"在身体内流动，与冰晶体连接起来，从而防止冰晶体彼此连接，形成更大的晶体。如此一来，鱼类体内的细胞就不会形成冰晶导致细胞膜和细胞组织破裂，自然也就不会冻上了。

同时科学家在研究中还发现，极地鱼类在长期适应环境的过程中，基因组不断进化，它们会丧失一些基因的功能，比如向线粒体输送氧气的血红蛋白基因，这就导致这些鱼类体内的血红蛋白含量远远低于温水和暖水性鱼类。

你可以发现很多极地鱼类的身体都是半透明的，解剖之后也几乎看不到任何的"红色血液"。原因是，这种进化方式可以减少冷水性鱼类血液流动而产生的耗能，更好地保持体温。

不过你也不用担心这些鱼类会"喘不上气来"，因为它们在缺失了一些基因的同时，还扩增了另外一些基因，来保证低温下氧气的运输和利用效率。

科学家很希望未来能够将极地鱼类的耐寒机制和耐寒功能性基因应用到食品冷冻和细胞、器官的医用冷存领域，造福人类。

冬天鱼儿们也不是高枕无忧

看到这里，你也许会羡慕鱼类冬天无忧无虑的生活了。其实冬天，鱼类也冒着很大的风险。

北方高寒地区的池塘、湖泊冰封之后，水中的溶解氧大部分要依靠水中浮游植物进行的光合作用产生，而光合作用需要阳光。

当大雪封门，厚厚的积雪覆盖在冰面之上，冰层的透明度就会变小，光合作用也就会相应地减弱，而水体里鱼的排泄物、鱼类和昆虫的尸体都会大量耗氧，鱼类很有可能因缺氧而死亡。

同时，冬季鱼类的摄食活动会大幅减少，甚至很多时候只能依靠消耗积累的体能维持生命，等待冰封期的结束，本来就体质偏弱的鱼很有可能会因体能耗尽而死亡。

·摘自《读者》（校园版）2020 年第 2 期·

骆驼用驼峰来储水吗

【美】尼克·卡鲁索等

吕同舟　编译

骆驼用它们的驼峰来储水，这是真的吗？假的。

世界上有两种骆驼，均属偶蹄类动物，也都是骆驼属。其中单峰骆驼原产于中东和非洲之角（今索马里与埃塞俄比亚地区），因为人为干预，它们如今成了澳大利亚的入侵物种，背上只有一个驼峰。双峰骆驼生活在亚洲中部，背上长有两个驼峰。一则广为流传的谣言是，骆驼用它们背上的驼峰来储水。

如果它们的驼峰不用来储水，那里面装的究竟是什么呢？答案是：满满的脂肪。骆驼会储存脂肪作为能量储备，毕竟在沙漠里也没有太多可以吃的东西。但是，骆驼并没有把脂肪均匀地储存在身体的各个部位，而是集中储存在背部，因为脂肪散布于全身会导致它们体温过高。因此，骆驼的驼峰重达 36 千克。骆驼究竟为什么能够长途跋涉那么久，中途却不需要补充水分呢？因为它们可以非常快速地饮用大量的水——在 3 分钟之内可以喝 200 升水，这些水分可以供它们维持生命很长时间。除此之外，它们还有一系列方法防止体内的水分流失，包括隔热的皮肤和呼吸时为防止水分蒸发而进化出的特殊鼻孔。更值得一提的是，它们那对功能异常强大的肾脏能将尿液中的大部分水分回收，以至它们的尿液像糖浆一样黏稠。

·摘自《读者》（校园版）2020 年第 5 期·

这些动物的奇怪习惯改变了世界

康斯坦丁

鹦鹉鱼制造了沙滩?

鹦鹉鱼生活在热带海洋的珊瑚礁丛中,它们活动的地方通常都有大片漂亮的白色沙滩,因此造就了许多热门的热带海滩度假胜地。

这种有趣的鱼会用尖尖的嘴和平齿把珊瑚礁咬烂、粉碎,并从中获取食物。珊瑚中的有机物质会被鹦鹉鱼消化掉,但其中较硬的无机物质便以沙子的形式从鱼体中排出。一只成年的大型鹦鹉鱼每年可能会生产约 380 千克的沙子。

"动物放屁"让全球变暖?

瑞典科学家发现,贝类的肠胃胀气也在导致气候的变化。比如蛤蜊会释放含有甲烷和一氧化二氮的气体,这种气体正是影响全球变暖的关键因素。你可能想象不到,甲烷的另一个重要来源竟是白蚁。它们的消化系统每年能生产约 2000 万吨甲烷。

蚊子改变了南极土壤?

南极为什么会变暖?除了人类活动的影响,动物也一样在产生影响。比如南乔治亚岛是南大西洋的一个岛屿,岛上有一种蚊子,正是它们的生活方式导致一些有机物迅速地死亡,尸体上的营养物质便迅速地回归生态系统。现在,它们已经被人类带到了南极。

南极原本有一个活动力非常缓慢、相对稳定的生态系统,可将营养物质长期滞留在土壤中。但这种蚊子的到来,也开始改变南极的土壤。只是这个过程是很漫长的。

狼改变了河流?

一直以来,狼都是北半球的掠食者,直到它们开始威胁到人类的农场时,人类便开始追捕它们,有意将它们赶尽杀绝。但狼群在 1995 年被重新引进美国黄石公园,因为人们发现,这个以大麋鹿为主角的公园需要捕食者。狼的引入改变了河流的生态状况——事实上,麋鹿一直在吃树叶,包括小树苗。因此,河流两岸的树林变稀疏了,没有树木的根系保护,河床两岸变得更容易崩塌。但随着狼的引入,树林又开始重新生长起来,现在有大片树林的河岸已开始变得越来越结实、越来越漂亮。

猛犸象之死成就了大片森林？

猛犸象的名字所暗示的是"庞大的生物"。它们的体型如此之大，对环境的影响自然也很大。研究人员通过追踪粪便，能够清楚地知道动物的生活轨迹，并发现它们导致的环境变化。

一项研究表明，没有猛犸象的森林可能会将地球温度升高0.2℃。因为树木比草更高，它们会吸收更多的太阳辐射，并保留更多的热量。而地球变暖，也让森林资源增长迅速。

·摘自《读者》（校园版）2020年第5期·

如果你的宠物去世了，你会克隆它吗

张 yiyi　刘王任　口述

刘　逗　整理

　　不知道有多少人跟我一样，上一次听到"克隆"这个词，还是克隆羊多莉出生的时候。当时的我觉得这是一件特别高端、离自己特别遥远的事，但没想到 20 年后，我在上海的一处普通的居民楼里，亲眼见到了一只克隆出来的小狗。

　　张 yiyi 是一位"85 后"的上海姑娘。她十几岁时，领养了被邻居家遗弃的一只名叫妮妮的小狗，一养就是 17 年。直到 2018 年秋天，19 岁的妮妮因为器官衰竭去世。她决定克隆一只妮妮，于是就有了"新"妮妮。

你想象过克隆狗吗

我和张 yiyi 坐在餐桌边聊天,不到 1 岁的妮妮像所有年幼的小狗一样,在客厅里嗒嗒嗒地跑来跑去。偶尔凑到我身边,兴奋地用两只小短腿扒拉我的腿,辨别我带来的各种新气味。如果不是在来之前就听说了它的身世,我很难想象,这只在门口的脚垫上又蹦又跳的小狗,是一项价值 38 万元的科学成果。

从 1996 年克隆羊多莉诞生开始,科学家们已经成功克隆出了 20 多种哺乳动物,比如克隆牛、克隆猴子、克隆猪、克隆兔子等。但是你可能想不到,在这个领域,我们常见的宠物狗反而是比较难克隆的一种。

世界上的第一只克隆狗出生

2005 年,一只名叫 Snuppy 的阿富汗猎犬由韩国的黄禹锡教授带领团队克隆成功。之后,黄禹锡所在的韩国秀岩生命工学研究院一度成为全球唯一一家掌握犬类克隆技术的机构。他们对外提供宠物狗的克隆服务,价格是 10 万美元(约 70 万元人民币)一只。

直到 2017 年,北京的一家生物科技公司培育出了中国第一例体细胞克隆狗"龙龙"。该公司克隆一只狗的费用是 38 万元人民币,克隆一只猫的费用是 25 万元人民币。即便是这么一个在普通人看来挺不可思议的价格,但这家公司在去年一年,已经做成了 20 单生意。

通俗来说,克隆一只狗大概需要这样两个步骤:

首先,需要从狗身上取下一小块皮肤组织,一般是取自狗的大腿内侧,这个步骤即使是在狗去世后的一段时间内完成也是有效的。

然后,技术人员会从他们养的实验犬身上抽取未受精的卵子,抽走里面的细胞核，再把狗的体细胞植入这个卵母细胞中，等培育到一定程度再把胚胎植入代孕狗的子宫里。代孕狗怀孕之后，再过 60 天左右就会生下一只克隆小狗了。

单就克隆的流程来讲，其实每种动物的差别并不大，如果你想克隆一只小猫，基本上也是这个流程。但是为什么克隆狗要比克隆猫贵 10 万元呢？

因为狗的生理构造比较特殊，排出的卵子会在输卵管里成熟，从成熟到卵化只有几个小时的窗口期，需要技术人员精准把握卵细胞成熟的时间，所以相对而言，克隆狗的难度更大，在商业上所体现的就是费用更高。

妮妮与张 yiyi 的故事

也许不养宠物的人很难理解，为什么有人会花 38 万元去克隆一只狗，甚至经常有网友质疑这些人是不是钱多到没地方花的程度了。

张 yiyi 说："大家都说狗一辈子只有一个主人，其实人一辈子也想只有一只宠物。它曾经是我整个青春期的朋友，现在技术允许了，我好像也可以跟妮妮相伴一生一世。当然，我也不是要永远停留在过去，我觉得克隆这个行为在现实生活中能反映出我有多珍惜妮妮，珍惜它这些年的陪伴。"

老妮妮是 2018 年 10 月走的，年龄处于 18 岁的尾声。

老妮妮最后的一段时间，张 yiyi 一直陪着它。妮妮最后的呼吸非常急促，张 yiyi 一直抚摸着它，告诉它她有多爱它，有多感谢它这辈子陪在她身边。

妮妮去世以后，张 yiyi 非常难受，它被火化后的第二天，张 yiyi 就去了云南，一待就是一个多月。因为她没办法在一个到处都有妮妮影子的地方生活。

"新"妮妮来了

在老妮妮去世前两个月病危时，张 yiyi 就联系了北京的宠物克隆公司，让他们的技术人员到医院提取了妮妮的一块指甲盖大小的皮肤组织。妮妮去世的那天，张 yiyi 给克隆公司打电话，让他们开始"新"妮妮的克隆。经过 4 个月的培育和喂养，"新"妮妮在 2019 年 2 月 15 日张 yiyi 生日那天被交付到她的手里。

"我把亲戚都请到了家里，当时现场还有来采访的记者，大家准备了蛋糕、酒，一起等待这个最好的生日礼物。当时是几个人从北京开车把妮妮送过来的，见到它的第一眼，我好像并没有很强烈的'啊，妮妮回来了'的感觉。因为小狗刚出生不久，还有一层深色的胎毛，眼睛、四肢也还没长开。而老妮妮是差不多 2 岁时才来到我身边的，所以我也不太清楚它小的时候是什么样子。当时也没有觉得很像。"

"我的爸爸妈妈也抱了它，当时两个人脸上的表情都挺尴尬的。别人问他们：'像吗？'他们就一通'嗯''啊'之后，有点儿敷衍地说：'嗯……尾巴这边好像有点像……'其实我知道那个时候大家都觉得不像。"

"它第一次剃完胎毛以后，就非常像了，你明知道它不是原来的狗，可你又觉得它就是原来的妮妮。我每天看着它，都会觉得很幸运。赶上了宠物克隆这件事，我真的挺开心的。人这一辈子永远在赚钱，没有人不辛苦。我们已经很辛苦了，为什么不做一些让自己开心的事情呢？"

不可否认的是，选择克隆宠物的人一定是有一定经济基础的，但是他们大多也不是腰缠万贯、挥金如土的富豪。比如上海的金女士，从 9

年前开始收养流浪狗，当她收养的第一只小狗去世后，并不太富裕的她选择了分期付款 38 万元克隆了这只狗。

克隆狗背后的狗

不过，克隆宠物这件事之所以会引起这么多的关注和讨论，还有一个非常重要的原因，就是关乎科学伦理与动物保护。

在北京那家宠物克隆公司的实验室里，我见到了一只实验用的比格犬，我问工作人员："这里的狗平时有人遛吗？"

他们回答："因为物业公司的限制，实验室里的狗是不能带出去遛的。"

在那个有点儿昏暗的走廊里，那只小比格犬看我的眼神，让我想起了自己的宠物，它看着我的样子我一直没法忘记。

国际人类基因组织伦理委员会在 1999 年曾经发表过一则声明——《HUGO 伦理委员会关于克隆的声明》。这个声明中提到，动物克隆应遵循与其他动物实验一样的动物福利原则；克隆动物的目的应该有明确规定，程序也应该符合已建立的伦理审查机制。

2005 年，为了培育世界上第一只克隆狗，韩国的黄禹锡团队一共把 1000 枚胚胎，分别植入 123 只代孕犬体内，结果只有 3 只代孕犬成功受孕。3 枚胚胎中一枚流产，一枚早夭，另一枚就成为全球知名的第一只克隆狗 Snuppy。

当然，随着技术的不断发展，被卷入克隆流程的实验犬数量是在逐渐减少的。但不可避免的是，还是会有一定数量的实验犬和克隆犬在这个过程中受到生理伤害。

美国普利策奖获得者约翰·沃斯坦迪克曾经表达了对于商业克隆行为的担忧：虽然在生物和疾病研究的过程中，科学家也会用到一些动物，但是在美国，这些研究型机构因为受制于政府的资金支持，必须接受美国农业部的监管，还要上报实验动物的具体数量。

可是一旦涉及商业行为，宠物克隆公司并不能得到有效监管，而且随着市场需求的增加，还意味着可能有更多的猫狗被卷入克隆产业。

美国动物保护组织就曾经对美国的 BioArts 公司提出抗议，他们认为商业性质的宠物克隆"是一项伴随着失败和动物痛苦的非正常的科学行为"；这家公司的 CEO 也在 2009 年发表了声明，表示公司已经不再提供与宠物克隆相关的商业服务。

如果你的宠物去世了，你会选择克隆它吗？

·摘自《读者》（校园版）2020 年第 5 期·

确认过眼神，你也是不懂动物的人

【德】彼得·渥雷本

周　月　编译

狐狸：委屈如我，你怎么还舍得伤我毁我

数千年来，在历史故事和神话传说中，狐狸的狡猾可谓深入人心。有一篇名叫《狐狸和乌鸦》的寓言故事：乌鸦叼着一块奶酪坐在高高的树枝上，狐狸在树下对乌鸦百般奉承，说服乌鸦为它一展美妙的歌喉，乌鸦被狐狸的奉承冲昏了头脑，刚一张嘴，奶酪就落到树下，正中狐狸下怀。关于这篇寓言，真实的故事是，不只那块奶酪，连乌鸦自己也成了狐狸的"盘中餐"。乌鸦是一种食腐动物，而且偏好油脂丰富的尸体。因此，为了抓到乌鸦，狐狸会先躺在地上装死，当乌鸦落地啄它第一口时，这个狡猾的家伙就会突然醒来，反咬乌鸦一口。

只要狐狸不灭绝，关于它们狡猾的传说就不会落幕。不论是过去还是现在，狐狸都是人们的猎杀对象。几十年前，猎人们为了更有效率地杀死整窝狐狸，常常会用烟熏狐狸洞。直到现在，狐狸这种"公认"的害兽，依旧是人们高举"除害"大旗肆意杀戮的对象。即便这样，狐狸的数量不减反增。狐狸能认出陷阱、猎人甚至猎人的车，因此它们在多数情况下能避开抓捕。而且，由于狐狸具有卓越的适应能力，它们总能为它们找到新的食物来源和生存空间。前不久，我在柏林见过一只狐狸，就在勃兰登堡门旁边的柏林动物园的角落里，它安静地吃着一根咖喱肠。狗和狐狸同为犬科，我们对狗的信任远超对狐狸的信任，可能是因为狐狸打心眼儿里不想与我们结伴同行吧。

狼：我和狗本是"同根生"，奈何待遇差别大

《狼来了》的故事家喻户晓，对于狼，我们有一种根深蒂固的恐惧：狼不是很危险，但狼很会算计。

现在，狼的威胁还存在吗？这似乎是一个杞人忧天的问题。电围栏呵护着我们的家畜，绵羊生活在牧羊犬的看管之下，我们对家畜的保护可谓是无微不至。不论是喜欢漫步林间的人还是常年驻守在林子里的守林人，都很难见到狼这个冷酷的杀手。毕竟人类那么可怕，就连狼见了我们也得绕着我们走。由于野生动物被保护"有方"（主要是因为猎人们无休止地投喂），现在林子里的鹿、西方狍和野猪的数量是以前的50倍。我们对狼的畏惧很可能来自猎人散布的谣言，他们这么做是为了能够进森林打猎，将恐惧植入民众的心里。其实，我们完全没有道理害怕狼，看看家里乖巧的狗，从基因上来说，这些小可爱可是纯种的狼，而它们

和狼唯一的区别就是：狗不怕人，狼怕人。只要我们还同意养狗，就应该对狗的兄弟表示欢迎，欢迎它们时常在我们的森林里闲逛。

猪：差一点，我就成了网红脏脏猪

家猪起源于野猪，它们的基因几乎相同。直到今天，家猪也可以轻易地与野猪杂交繁殖。所有的猪都有一个共同点——脏。一说到猪，我们的脑海中就会浮现出一个沾满泥巴的形象，这个形象是导致我们认为猪很脏的直接原因吗？什么叫作脏？我们一般用这个词来指那些不卫生的污染源，这些污染源可能会给我们的健康造成损害。而猪身上的泥浆跟药房里的泥浆包或泥浆浴所用的泥浆几乎相同，而且这些泥浆并没有受到病原体的污染。

土壤中所含有的成分对皮肤益处多多，猪自然也不会错过。由于猪的皮肤上没有汗腺，夏天，它们喜欢躺在凉爽的泥坑里或者泡在清澈的山泉里。除了凉爽，泥浴还有别的作用。泥浆在皮肤表面缓慢干燥成壳，因此很多皮肤表面的寄生虫被困在壳里。然后，猪再把这层泥壳擦洗掉，就成功消灭了体表寄生虫。经过这些步骤以后，一只爱干净、讲卫生的猪就出现在我们面前了。

真正脏的是那些生存空间有限的家猪。其实它们也很爱干净，比如它们会在猪圈一个固定的角落里排便，以此来确保猪圈内其他地方的清洁。但大规模养殖使得家猪没有一点儿干净的地方：它们必须睡在自己的粪便上。由于猪是杂食动物，因此它们粪便的气味非常糟糕。这一切使猪成为我们认识中的"脏猪"——它们生活在狭小的空间里，周身散发着恶臭，一副脏兮兮的样子。由此，合理养殖的重要性可见一斑。而它们的野外亲戚——野猪，身上自带一种天然的气味，就像一种香料的味道。当你下次去森林里散步闻到这种混合香料的气味时，你就会知道，有一只幸福、干净的野猪正从你身边路过。

驴：对"倔驴"这个称号，我的内心是拒绝的

驴最早是生活在非洲北部炎热地区的草原动物。

在那里，驴养成了一项传统美德——节俭度日。两三天不吃不喝，驴都没有问题。而驴的亲戚——马，则受不了这么长时间的断水断粮。驴这么能扛饿的原因在于，它们相对矮小，所以吃得也比较少。因此，饲养驴比饲养马更加经济实惠。

驴还被誉为"小个子的马"，它们很强壮，经常超负荷运载货物。不过，这对于驴来说并没有好处。所以，德国驴和骡子保护协会规定，驴的载重不能超过其自身体重的 1/5。但在那些把驴当作交通工具的地区，这一规定好像并没有被执行。

我们对驴大概有这么一个印象：它驮着货物，不管主人怎么打骂，都不肯向前走一步——当然也不会后退。"真是头倔驴"，这句话也随着驴流传到了今天。

其实，驴站着不动，是有它自己的想法的。当它发现了奇怪的事物，它就会停下来，冷静地分析眼前出现的情况，在得出没有危险的结论以后，"倔驴"才肯挪步。因此，驴并不是倔，而是谨慎。毕竟在驴的老家——那片炎热、坚硬的非洲草原上，如果像马似的有点情况就开始跑，那驴会死得很快。所以就算主人在驴停止不动分析情况时搞点什么事情（比如鞭打它们），驴还是会坚持自己的主张。说到驴的性格，它们情感细腻，又很惹人喜爱——有时，甚至会被请去当心理治疗动物。

苍蝇会不会觉得自己蝇生漫长

司马亿

五一假期看了一本新书《动物的内心戏》，产生了一个全新的思考：

世界上约有 3000 种生物的生命只有短短几分钟，大多数生物达不到人类这样的生命长度，那么，动物会不会也觉得自己的一生漫漫无期？

一只飞虫能够在 30 毫秒内改变飞行的方向，在这段时间里，它处理了大量的信息。如果苍蝇能够像人类一样擅于思考，苍蝇拍即将落下的瞬间，足够让它回望蝇生，想起那些逝去的青春，并在最后爆发所有的力量，躲过这致命的一击。

在这不过 30 毫秒的时间里，电信号在苍蝇的体内飞速窜动，对人类而言极短的时间，对于苍蝇或许就是极其漫长的。这么说来，苍蝇的生命比我们想象中的要长，但前提是，它们能够思考吗？

这个问题确实有点儿挑战，我们可以从苍蝇的近亲、实验室宠儿——果蝇开始聊起。

科学家对这种昆虫的大脑进行了深入的研究，给果蝇的大脑植入电极，这只需要一台显微镜、头发丝粗细的铁丝，加上一双巧手就能完成。

测试物是一根带有香蕉气味的黄色带子。果蝇见到这根假香蕉的反应会是什么样的？

人类有 100 亿个神经细胞，而果蝇只有大概 25 万个神经细胞，不过"五脏俱全"。为了定位眼前一闪而过的食物源，果蝇脑袋里有好几个区域同时工作。

果蝇将感兴趣的部分放大，将注意力集中在特定区域，而将背景里的其他物品，例如灌木、草地，厨房乃至研究人员都虚化了。虚化功能这种特殊的感知模式实际上是一种原始的智力形式。

事实上，我们每秒大约会接收 1100 万比特各种不同的信息，但其中被我们主动注意到的只有 50 比特，只有信息总量的 0.00046%。

这可不是人类不够聪明的表现，相反，能够虚化无意义的信息，在庞大的环境影响中只接收相关的 0.00046%，是一种过滤信息的能力，也被认为是拥有意识的先决条件。

而小小的蝇类竟然也展现出了这种天赋。

从我们日常的观察中，与人类最亲近的犬类在睡梦中会抽动爪子，似乎进入梦乡到了另一个空间。

科学家研究了处于睡眠状态下的斑马鱼，惊喜地发现它与人类在睡眠方面很相似。斑马鱼和人类都会在睡觉时控制食欲素水平，而且超过 450 种对睡眠会产生影响的物质共同存在于人类和鱼类之间。

动物是不是也会做梦？这成了判断动物能否思考的又一刁钻角度。

那么果蝇会做梦吗？确实有研究发现，果蝇的睡眠模式是由与我们相同的基因控制的，因此认为果蝇有可能会做梦。

而且果蝇睡着后确实会像狗一样蹬脚，但我们还不能明确果蝇在睡觉时身体为什么会动，所以真要说果蝇会做梦还牵强了些。

看来要从现有研究中，证明苍蝇的蝇生是漫长的，还远远不够。

《动物的内心戏》中提到，越来越多的研究者致力研究动物的感情、心智状态。

尽管大多数时候这些研究只能取悦人类而不能给其他生物带来实质变化，但动物世界之丰富确实开阔了我们的视野。

如果你能够接受"多数生物拥有情感，也拥有思考的能力"，那么你眼中的动物世界必然自带吐槽功能。

尽管研究日益丰富，但要从科学的角度去透视一只苍蝇的蝇生依然难度很大。我们很难理解不同思维程度的生物，在思考某件事情时的角度和广度。

何况谁又真的因为一只苍蝇能思考就对它网开一面，蝇生的荣光本就不同，要不就在危险边缘试探，要不就在轰鸣中灭亡。

我的动物"邻居"

音乐水果

在美国弗拉格斯塔夫，我与各种动物比邻而居。

最常见的是松鼠，学名"亚利桑那州灰松鼠"。这种松鼠喜欢早起，每天早晨我起床刷牙时，都能听到它们从屋顶爬过去的"哒哒"声。刚去弗拉格斯塔夫时，我觉得很新鲜，时不时拿花生米去喂松鼠，看它们用两只前爪抱着花生米啃，别提有多可爱了。

只要一只松鼠知道我这里有花生米，周围所有的松鼠就都知道了，它们会齐齐地从屋顶上跑过，在我家门口的大树上等着我。我一出门，松鼠们立刻齐声叫唤，仿佛在说："开饭吗？开饭吧！"如果我没有立刻拿出花生米，它们就在树和屋顶之间攀爬跳跃，甩动着毛茸茸的大尾巴，焦急地等我投喂。

有次出门遇见了房东，她当场制止了我给松鼠投喂花生米的行为。房东说："松鼠特别爱啃电线，还会顺着房顶的漏洞跑到家里来，可能会危及你的安全。"于是，房东请了专业的公司来检修房顶的漏洞，师傅们顺带修剪了前后院树木的枝丫，让最低的枝丫距离屋顶有至少两米的距离，这样，松鼠就不会通过枝丫、漏洞跑到屋子里啃电线，我也不会遇到"一出门就被松鼠们围观"的场面了。

比较常见的还有臭鼬，生活在弗拉格斯塔夫的臭鼬身上有两条白色条纹，这两条条纹从头颈部、背部两侧一直延伸到尾巴，所以它的学名叫"美国亚利桑那州臭鼬"。我以为，臭鼬这种动物是"我不犯它，它不犯我"，可现实是，我不犯它，但它跑得太快，一头撞在了我的车身上，误以为我要攻击它，给我放了个奇臭无比的"毒气弹"后就跑得没了影，剩下我在原地对着臭烘烘的车身郁闷。我只好开车去加油站，拿起水枪对着车身狂喷，加油站的一位工作人员捂着鼻子闻"味儿"而来，还安慰我："虽然洗车没有太大用，但三周后臭味儿就没了，也没其他办法，你忍忍吧！"

除了松鼠和臭鼬，我的生活中还常常有不速之客。冬季天黑得早，那天开车回家，我开了远光灯慢慢走。就在我拐入住宅区时，突然，一个黑影从路边蹿了出来。我赶紧踩刹车，黑影的冲势却很猛，直直地撞上了我的车头，吓得我坐在车里不敢动弹：我是撞到了什么？

黑影却"顽强"地站了起来，我这才借着远光灯看清楚，那是一只鹿，想必是下山觅食，回去时跑得太快，这才撞了上来。它低着头，抖了抖蹄子，又小跑着消失在黑夜中。我这才敢下车，发现这只鹿的威力太大，我的车头都被它撞得变了形。我给房东打电话求救，房东帮我报了警。警察来了后询问了情况，告诉我："没事，大家时不时地会撞到鹿，车子买保险了吧？自己去修吧。"

次日，我开着车去了修理厂，修理厂的师傅一见到我的车头就乐了："你也撞到鹿了？最近它们出没很频繁呐，我都修了好几辆因为撞到鹿而车头变形的车了！"师傅告诉我，这种鹿是白尾鹿亚利桑那亚种，因奔跑时尾巴翘起、尾底显露白色而得名，在美国亚利桑那州很常见。我想了想，的确，从亚利桑那州首府凤凰城到弗拉格斯塔夫约两个半小时的车程，路边的警示标志之一就是"小心撞到鹿"，我乘坐的小巴车司机也说，经常能见到鹿横穿马路，这时，要让鹿先行。

看来，与动物当"邻居"，要互相礼让，才能和平共处啊！

北冰洋里游弋着一位孤独的行者

尹　丹

最近，一条近 400 岁高龄的格陵兰鲨鱼引起了网友的热议。

自从在北冰洋中被发现，这条鲨鱼就一直在大海中孤独地游弋。如果它的记忆力没有退化，那它得需要拥有多么强大的内心，才能撑过这么多年的孤独！

有网友说道："这条孤独的格陵兰鲨鱼，出生在工业革命前 100 多年，它就像一块活化石，告诉世界它的存在。"

今天，我们就来了解一下这一古老的物种——格陵兰鲨鱼。

格陵兰鲨鱼又称睡鲨，是一种体形较大的鲨鱼，以外表丑陋与动作缓慢著称。它分布广泛，在北极和北大西洋海域 1200 米深的地方都有这种鲨鱼的踪迹，往南至阿根廷与南极地区，人们也曾发现过这种鲨鱼。

格陵兰鲨鱼是世界上最长寿的脊椎动物，它拥有巨大的身材、短小的鼻子，身长可达 5 米。格陵兰鲨鱼的食物包括鱼和甲壳类动物，还有一些哺乳动物，比如海豚，它偶尔还会吃北极熊和海龟。

格陵兰鲨鱼每年只生长 1 厘米，寿命可达 400 多岁，它们要到 150 岁至 160 岁时才性成熟，开始繁衍后代。据英国《太阳报》报道，目前科学家正在研究 28 条格陵兰鲨鱼，而这条近 400 岁高龄的格陵兰鲨鱼无疑是其中最古老的一条，它可能见证了美国建国、拿破仑战争和"泰坦尼克号"游轮沉没等一系列重大国际事件。

在 20 世纪 30 年代，鱼类生物学家共标记了 400 条鲨鱼，唯一的成果就是发现了格陵兰鲨鱼大约每年会生长 1 厘米。在确定它们的年龄方面，当时的科学家一筹莫展。

很久之后，来自哥本哈根大学的海洋生物学家约翰·史蒂文森试图从格陵兰鲨鱼的脊椎骨中寻找可以判断它们年龄的依据。然而，他没有找到期待中的"年轮"。于是，他向来自丹麦奥尔胡斯大学的碳同位素年代测定专家扬·海内迈尔求助，海内迈尔的建议是：研究鲨鱼的眼球晶状体，测量里面的碳同位素。

花费数年，收集到足够多的格陵兰鲨鱼的尸体后，史蒂文森开始了这场"鲨鱼眼中的寻碳之旅"。20 世纪 50 年代中期的一次核试验给他提供了帮助，这场核爆给生态系统中添加的碳 –14，帮助史蒂文森顺利地确认了两条 2.2 米长的格陵兰鲨鱼的年龄。

有了这 3 个参考值——碳同位素测定、格陵兰鲨鱼出生时的长度（约为 42 厘米）、它们的生长速度（每年生长 1 厘米），史蒂文森对鲨鱼的年龄进行了推测。结果发现，其中年纪最大的一条格陵兰鲨鱼为 393 岁。虽然推测结果的误差高达 120 岁，但这是在最差的情况下推测出来的，当然，格陵兰鲨鱼的年龄也刷新了当时脊椎动物的纪录。

这位孤独的行者生存了近 400 年，陪伴人类走过了近 4 个世纪，都说"陪伴是最长情的告白"，那么我们可不可以对这位游弋的最长情的"告白者"温柔以待呢？

·摘自《读者》（校园版）2020 年第 22 期·